大樂文化

# 爆賣商品的行銷戰法

互聯網的銷售攻略懶人包，教你如何造勢、提高市占率，從 0 到 10 億創造獲利！

爆品管理實戰家 **尹杰**◎著

# 目次

第2課

第3課

前言

# 銷售攻略懶人包幫你，提高產品的能見度與市占率！

近年來，市場環境和供需結構的變化，讓企業越來越難賺錢。過去產品稀缺，市場存量空間大，只要有產品就能賣掉。現在隨著經濟快速發展，各個產業都出現不同程度的產能過剩，加上人口紅利消失，流量成本越來越貴，於是企業競爭愈加激烈。

## 陷入不促不銷、服務過剩的窘境？

在競爭白熱化之下，很多企業動不動就打價格戰、促銷戰，好像除此之外沒有別的行銷策略。其實從現實面來看，價格戰不能讓企業走出困境，反倒是走上一條不歸路。依賴降價促銷的結果是纏死對手、虧死自己，連帶讓顧客養成等待促銷的習慣，最後導致「不促不銷」。

產品不好賣，不一定要降價，更好的選擇是「產品升級」。企業把產品品質做得更好，再拉高價格，才有利潤開發更好的產品，提供更優質的服務。現在，產品升級已成為趨勢，唯有提升產品價值，才可能提高價格。

此外，有些企業陷入服務成癮的怪現象，甚至無底限地提供服務，還打著冠冕堂皇的口號：「讓客戶一〇〇%滿意。」服務成癮只能說明，企業想透過服務彌補缺陷。我並非反對企業提供服務，只是提醒企業家要改變思維，把服務當作提升附加價值的工具，而非產品補丁。

企業要擺脫經營的惡性循環，提升獲利能力，避開價格戰、促銷戰、服務戰的招數，就得走上爆品這條路。無論商業文明如何發展，產品都是企業經營的基礎。產品做不好，一切都是空談。

## 企業要賺錢，需要好爆品＋強行銷

我經常強調：「產品不對，行銷白費，行銷是產品的放大鏡。」產品不夠好，行銷模式就站不住腳，因為行銷效率越高，越會放大產品缺陷，帶給企業的潛在風險也越大。因此，**以爆品為槓桿來撬動行銷的價值鏈，才是行銷的王道**。

北京大學教授陳春花曾提出這樣的研究命題：「什麼原因讓企業無法成為產業鏈的布局者和主導者，只能在競爭中苦苦掙扎？」根據她的研究結果，核心關鍵就是缺乏好產品，也就是我們所說的爆品。任何不以好產品為基礎的行銷方法，都無法持久運作，所以做爆品是企業在競爭中勝出的基本前提，也是持續發展的保障。

很多企業無法做出爆品，原因不在於缺乏能力，而在於缺乏爆品意識。傳統的經營思維是追求產品多而全，認為產品越多、陳列越豐富，面對顧客的能見度就越高，銷售工作便容易做得好，倘若產品賣不好，就為它們添加功能。這導致很多企業沒有做爆品的意識，看不到做爆品的價值。

如今，進入萬物互聯的時代，商業策略也要跟著改變。以微軟為例，他們從電腦作業系統起家，造就微軟帝國。據說，在某次世界電腦大會上，創辦人比爾・蓋茲站在台上問：「在座有沒有人不用微軟的軟體？」結果台下一片鴉雀無聲，代表沒有人不用。世界上第一套視窗作業系統是由微軟做出來，作業系統就是微軟的爆品，支撐微軟持續走向成功。

在2G、3G時代，美國高通公司開發出CDMA晶片組，全世界的手機廠商都需要這項技術。每一家用到CDMA技術的廠商，每賣出一支手機，都要給高通二%至五%的專利費，俗稱「高通稅」。高通能用CDMA技術剪全世界的羊毛，正是因為有強大的產品。

## 爆品帶來6大競爭優勢

有句話說：「一個產品成就一個產業，一個產業強大一個民族。」湯瑪斯・愛迪生發明電燈，他創立的GE（又稱為奇異或通用電氣）曾一度成為全球市值最高的公司，巔峰時期高達四千億美元。德國的卡爾・賓士（Karl Friedrich Benz）發明內燃機，創立賓士汽車公司，也成就德國汽車工業。

根據多年的管理諮詢經驗，我發現企業擁有爆品會帶來許多優勢，包括：

- **成本優勢**：企業能利用經濟規模降低固定成本，從而獲得成本優勢。
- **定價優勢**：爆品讓企業擁有定價權，即使提高價格也不會丟失顧客。
- **提升品牌影響力**：爆品有利於打造品牌，提升企業的地位。
- **通路優勢**：爆品有利於掌控銷售通路，並整合產業鏈的上下游資源。
- **提升獲利能力**：爆品會對企業利潤做出最大化貢獻。
- **促進行銷模式升級**：很多企業都從一項爆品的成功運作，沉澱出行銷模式。

GE前CEO傑克．威爾許曾表示，不管過去或將來，在行銷中最重要、最基本的前提，都是一款能改善人們生活的好產品。一九九七年史蒂夫．賈伯斯重返蘋果公司時，第一次開會便強調，當產品部門不再是推動公司前進的力量，而是由銷售部門推動公司前進，這種情況最危險。

現在，很多企業任意做出不倫不類的產品，扔給銷售部門，賣不掉就說銷售部門無能。事實上，如果銷量不佳，首先要檢討產品，因為產品是為銷售部門賦能的工具。

一款明星產品能推動企業策略升級，使企業持續獲利，甚至推動產業升級。然而，很多企業缺乏系統化打造產品的方法，導致失敗率居高不下。我在將近二十年管理和諮詢工作中，看過各類企業因為缺乏爆品，而失去業績增長的動力。

針對企業面臨的實際困境，我總結自己十多年在產品領域的實務經驗與理論研究，歷時五年寫出這本書，內容既有原創理論又有實踐方法，從產品的開發理念、整體設計、行銷策略等方面，闡述爆品的經營模式。

我在企業擔任產品經理和從事管理諮詢的生涯中，累積大量的產品管理經驗，是寫作本書的豐富素材。書中涉及的原創理論源自我的工作心得，經過實踐檢驗確認有效。書中引用的案例，大多來自我曾工作的地方和參與的專案，能保證案例剖析充實且具體，讓讀者獲得啟發。

本書得以完成，首先要感謝我的妻子羅紅勤，她在我寫作的過程中默默擔起一切家庭重任。同時，感謝我的姐姐尹永連、北京盛世卓傑的王景先生，以及中國經濟出版社編輯，在寫作與出版的過程中給予諸多支持和幫助。

# 第1課

# 了解如何做出好產品，奠定爆賣的基礎

# 01 爆品除了實用、有趣，還有不可替代的特點

爆品就是銷量領先業界，能推動企業發展和產業升級的產品，例如在網路產業，具有引流作用且銷售規模較大的產品，就稱為網路爆品。

爆品也可以理解為一種開創性產品，例如，iPhone把行動電話帶進智慧型手機時代，福特T型車把交通工具帶進汽車時代，青黴素的發明讓醫生告別用消毒水處理傷口的時代。據說，在第一次世界大戰期間，很多美國士兵死於傷口感染，直到亞歷山大．弗萊明（Alexander Fleming）發現青黴素，才使外傷感染問題大幅降低。

## 什麼樣的產品，可以成為爆品？

根據多年實戰經驗，我發現成功引爆銷量的產品，都具備以下條件。

## ◎具備3種基因

不是所有產品都能培養成爆品，想成為爆品，首要條件是具備優良基因，具體表現在三個方面：一是功能要實用，有使用價值，能幫助使用者解決實際問題，或消除某種痛點（注：消費者感到苦惱，而最願意花錢解決的問題）。二是體驗要有趣，有娛樂價值，能帶給使用者不同凡響的體驗。三是具有不可替代或難以模仿的特點，有稀缺價值。

## ◎後天培育得當

產品上市後需要一個培育過程，不能操之過急。爆品也有生命週期規律，會經過知名度（廣為人知）、美譽度（人見人愛）、忠誠度等階段。如果節奏踩得準，培育時間可以適當縮短，最終能引起顧客共鳴，獲得顧客認同。

互聯網模式與傳統模式的培育方法不同，傳統模式是按照「知名度→美譽度→忠誠度」的順序操作，也就是先打電視廣告提升知名度，然後進行線下鋪貨，若產品的性價比高，就會慢慢累積美譽度和顧客忠誠度。互聯網模式則是先經營顧客忠誠度，做好口碑就有美譽度，自然也會有知名度。因此，在互聯網時代，若產品有缺陷，千萬不要投放廣告，因為知道的人越多，產品陣亡得越快。

## ◎有高顏值、高品質、好故事

年輕人的購物習慣是先看產品外觀，如果外觀不符合自己的審美觀，品質再好也沒有吸引力。光有顏值並不夠，還要考慮品質，確保使用價值。

好故事能提升討論熱度和產品附加價值，也能作為文化資本，滿足消費者的心理需求。例如，古董的使用價值也許不高，但顧客看重它背後的故事。又例如，江小白的酒走青春文化路線，李渡酒走歷史文化路線，都是利用故事因素。

# 爆品有2種類型，你適合的是？

企業開發產品要結合自身條件，找到適合的路徑或模式。我根據企業擁有的不同資源，將爆品歸納為兩種類型：

- **區域性爆品**：企業在自身有競爭優勢的特定區域開發爆品，最終在該區域取得領先地位。適合資源有限、吃不下全國市場的中小企業。
- **行業性爆品**：企業在自身有競爭優勢的特定行業開發爆品，最終在該行業取得領先地位。適合資本雄厚、經營全國市場的企業。

行業性爆品不一定在每個區域市場，都居於領先地位，因為有些區域存在地方性優勢企業，行業性爆品只是在大部分市場裡領先。另一方面，區域性爆品不一定能發展為行業性爆品，因為有些企業具有區域性優勢，然而一旦放到全國市場，在整體行業中不一定有競爭優勢。

如果企業的資源有限，原則上要採取區域性爆品策略，先培育利基市場，再逐步向外發展，最後從區域性爆品發展為行業性爆品。管理學家麥可・波特（Michael E.

Porter）在《競爭策略》中談到，公司所在地的環境是獲得競爭優勢的來源，儘管現代企業布局全國市場，但競爭往往在一至二個重點區域內展開。

因此，到底要採取區域性或行業性爆品策略，應根據行業特徵和企業資源能力而定。而且，不論追求區域第一或行業第一，開發產品都要朝著第一名的方向努力，若沒有爭第一的心，就不會有當第一的命。

## 打造爆品組合，發揮策略價值

很多人以為爆品是一個單品，其實也可以是一個組合或系列。依據功能可分為一級流量爆品、二級利潤爆品、三級種子爆品，不同層級的爆品具有不同策略意義，我稱之為「爆品實踐三級組合」（見圖1-1），分別解說如下。

### ◎一級流量爆品：累積顧客

企業剛起步時，因為資源和能力有限，往往會集中資源開發一種高流量產品，藉此引流帶量，累積顧客和通路資源、塑造品牌、突破市場。一級流量爆品關注大眾的一級痛點，從一級痛點挖掘高頻率剛需（剛性需求），再把這個剛需轉化成產品。

## ◎二級利潤爆品：提高獲利

在獲得大量顧客和通路資源後，進一步細分關鍵顧客的需求，開發二級利潤爆品。方法是先篩選既有顧客，找出關鍵顧客，然後挖掘兩個需求點：一是高頻率癢點，透過高頻率痛點帶動高頻率癢點（注：癢點是消費者內心需要被滿足的欲望）；二是低頻率痛點，透過高頻率剛需帶動低頻率剛需，讓有錢人願意花錢來解決低頻率痛點。

圖1-1 爆品實踐三級組合

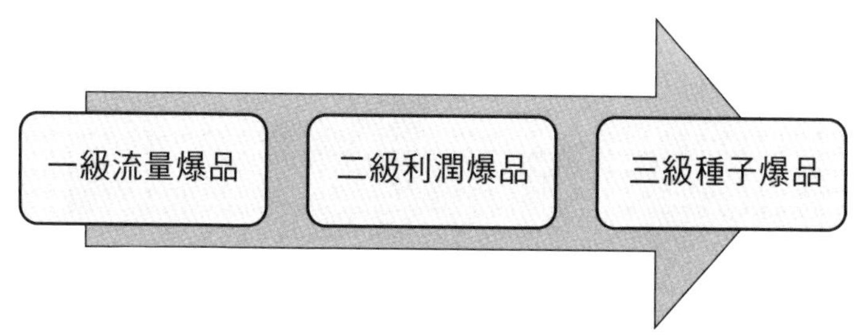

## ◎三級種子爆品：組成爆品群

在一級爆品和二級爆品的基礎上，籌備並培育第三級種子產品，讓產品組合滾動起來，最後形成企業爆品群。

以奶製品企業伊利集團的爆品組合結構為例，根據伊利公開的年報，在數百個單品中，真正貢獻銷量和利潤的只有三個爆品組合，總銷售額接近四千億元，包括：四百億爆品組合有大眾化純牛奶、高端經典牛奶、安慕希酸奶，占約四〇％銷量；兩百億爆品組合有優酸乳、QQ星酸奶；四十億爆品組合有舒化奶、穀粒多、味可滋等。

再看日用品公司寶僑（P&G），他們也採用爆品組合模式，追求產品精悍，而不是產品多，每推出一個產品都要能代表一個品類。例如：飛柔事業部代表柔順；海倫仙度絲事業部代表去屑；潘婷事業部主打養髮和護髮等。

# 02 為何花大錢也做不出爆品？因為沒搞清楚4件事

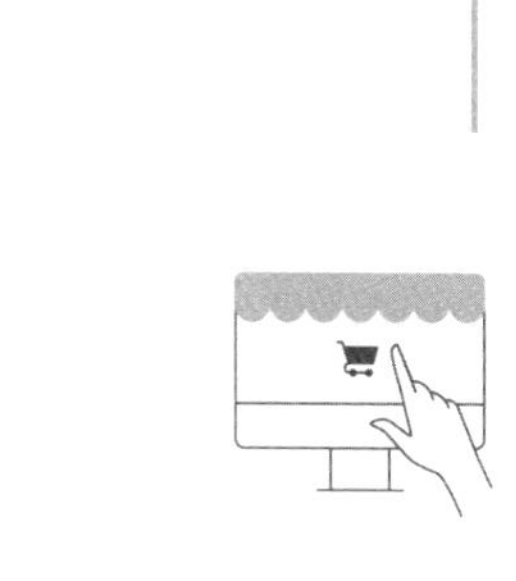

企業做不出爆品，往往是由兩個因素導致：一是缺乏爆品意識，二是缺乏系統化方法。先有思想，才有行動，在解決問題之前，要先意識到問題的存在。也就是說，企業必須先意識到產品的問題，才會在行動上改變做產品的方法。

## 做爆品不只是老闆的責任

我提供諮詢時，經常聽到人們說：「現在產品經理的壓力好大，做不出爆品被說無能，爆品失敗就要揹黑鍋。」但我反過來問，開發產品是誰的工作？

事實上，企業裡的每個成員都應該具備爆品意識，因為開發爆品不只是老闆的事，人人都是爆品師。

我曾經從事一個專題研究，發現在民營企業中，八五%的產品經理都是由老闆兼任，新品開發都是老闆帶頭做，缺乏產品經理的管理機制。老闆操著產品經理的心，忙著產品經理的事，這是很奇怪的現象。

其實，正確的爆品開發機制是研發、生產、供應、銷售各個環節共同參與，人人都是產品經理，尤其第一線員工更為重要。

很多企業的爆品創意都來自第一線員工，而不是老闆或高層，因為第一線員工最貼近產品體驗，最接近第一線使用者，也最先收到顧客回饋。相較之下，老闆要管理很多經營層面的事，不可能天天與顧客打交道，即使親自徵求意見，顧客通常是「報喜不報憂」，不會說實話。

微信的使用者超過十二・六億人，每日活躍使用者也有上億。事實上，微信剛剛推出時，微信支付的流量少得可憐，直到後來開發出搶紅包功能，才打通支付的流量入口。

大家知道搶紅包功能是誰想到的嗎？不是創辦人張小龍，也不是大老闆馬化騰，而是一位普通的程式設計師。這位程式設計師在過年時，煩惱紅包發多了會口袋空空，發少了會面子掃地。如何做到既不傷荷包，又不丟失面子呢？最後，他做出電子紅包功能，先在辦公室裡試行搶紅包遊戲，大家覺得很好玩，於是將這個遊戲加入微信功能中。

另一個例子是宜家家居（IKEA）的DIY家具產品策略。大家知道DIY策略是誰想出來的嗎？答案是IKEA的一名送貨員。

有一次，這名送貨員載送一張桌子，他發現桌腳太長了，裝不進配送箱，無奈之下只好拆下桌腳，等到送達顧客家裡再裝上。這個經驗讓他深受啟發，發現可拆卸的家具相當方便運送，於是將想法回饋給公司，後來這種DIY家具就成為IKEA的產品策略。

我在擔任產品經理期間也曾遇到類似狀況，有些我認為難以解決的問題，對第一線員工來說只是常識，這就是隔行如隔山的道理。

有一年春節，公司推出春節促銷組，我和總經理為了包裝苦惱三個月，嘗試各種方法都無法確實固定產品。我實在沒辦法，就跑到工廠看它的生產原理。當時，有一名包裝工人走過來關切，聽完我的煩惱後，建議改變包裝內部的產品擺放方式，還馬上做出樣品給我看。後來，這個簡單的改進完美解決我的煩惱。

這件事給我重大的啟發：其實換個思考方式就有解答，每個人在他熟悉領域裡都是專家。我在企業擔任管理職時，一直提倡人人都是產品經理，以及第一線員工的重要性。從生產工人到第一線銷售人員，他們的意見才是真正的產品原點。華為提倡的「讓聽得見炮聲的人指揮戰鬥」，也是這個道理。

## 不要只靠憑空想像

很多企業在開發新產品時，缺乏一套系統化方法，導致爆品的失敗率非常高。

我曾處理一個諮詢案例：某老闆在吃飯時突然浮現靈感，覺得這個創意很不錯，於是打電話問研發人員做不做得出來。研發人員聽到老闆的提議，不加思索就拍著胸脯說：「老闆放心，這個沒問題！」

研發人員接下任務後，閉門造車做出一個不倫不類的產品，就交給銷售部門。銷售人員沒得選擇，只能想方設法販賣產品。最後，產品賣不出去，銷售人員拿不到獎金，只能拍拍屁股走人。

這種情況是很多企業做產品的模式：老闆拍腦袋，接著研發拍胸脯，最後銷售拍屁股。其實，打造爆品的背後有一套邏輯和方法，而這套理論並不高深，人人都學得會、用得上。

## 在核心點上用全力，不要只做80分

做產品要有追求極致的工匠精神，把產品打造到極致境界。很多人往往做到七十分便以為完美，若再要求高一點，做到八十分就覺得超級完美，其實這是缺乏追求極致的態度。

日本的壽司之神小野二郎，一生只做一件事，就是把壽司捏好。很多總統和政要造訪日本，都會到他的店裡品嚐手藝。小野二郎有這麼好的產品，卻只開兩家店，原因是擔心店開多了，無法妥善管控產品品質。這就是工匠精神，老闆沒有因為生意好，就開連鎖店擴大規模，或上市融資賺更多錢，這值得我們反思。

不過我要提醒，爆品並不是面面俱到、全面極致，事實上，任何產品都做不到完美無缺，因為這樣的產品成本極高。

做爆品只需要把顧客最關注的核心價值做到極致，引發尖叫效應，用一個極致點就能黏住使用者。至於其他次要部分，可以借鑑同行的成熟經驗，守住底限不使產品扣分即可。

我曾經服務一家糕點企業，他們的回購率非常低，原因是公司為了追求產品外觀的極致，花費大量心思在包裝創新上，而新顧客第一眼被精美的包裝吸引，滿心期待地打開後，卻發現裡面的產品很普通，便產生心理落差，導致回購意願大幅下降。

包裝主要是用來保護商品，食材和口感才是糕點的核心價值，只要把這兩點做到極致，自然會提高顧客黏著度（customer stickiness）。因此我總是強調，不要在看似很酷的非關鍵點上用力過猛，要在核心點上用盡全力。

## 若不符合4前提，可能只是白燒錢

要將產品做成爆品，必須滿足下列基本條件，否則只是在燒錢。

- **有海量需求**：有足夠大的需求才能做大市場規模，有足夠大的市場規模才能培育大爆品。企業可以從客群廣泛度和消費頻率，判斷產品是否具備海量需求。
- **有帶量引流的功能**：在產品組合中，爆品能發揮火車頭作用，快速引爆銷量，為其他產品帶進流量。
- **產品生命週期足夠長**：根據經驗，爆品一般會暢銷十年以上。產品上市後，若只是曇花一現，很快就歸於寂靜，肯定無法成為爆品。
- **能促進企業發展和產業升級**：爆品應該帶著促進企業持續發展、推動產業升級的使命而誕生，不能只是短期投機的跟風之作。

# 03 5個分析模型當工具，確認新品創意是否行得通

洞察顧客需求、挖掘市場機會，是成功開發爆品的基礎。該如何同時掌握這兩件事，全面評估創新點子的有效性呢？以下介紹幾種常用的分析模型。

## 用「行業分析模型」判斷進入新領域的勝率

行業分析模型（見三十圖1-2）的目的，是找出開發爆品的機會。分析時會看兩件事：行業成長率和行業集中度。一般來說，當行業成長率的成長速度，是國內生產毛額（GDP）的一倍以上，說明該行業存在明顯的行業紅利。當行業排名前三的企業市占率達到七〇％，則說明該行業的集中度比較高。通常，行業集中度越高，後來者

越難進入，而集中度越低，後來者成功的機會越大。

### ◎第一象限：新興行業

特徵為低成長、低集中。判斷行業低成長的指標有兩個：一是行業成長率增速低於國家GDP增速；二是行業成長率低於一〇%。然而，每個行業的情況不同，這些指標只能當作參考，並非絕對。

低集中度說明整個行業比較鬆散，沒有領先的企業，產品品質參差不齊。呈現這種特徵的很可能是新興行業，此時要評估，該行業是否與企業未來策略一致，是否有發展前景，若同時滿足兩項條件，就能提早進入布局。新興

圖1-2 行業分析模型

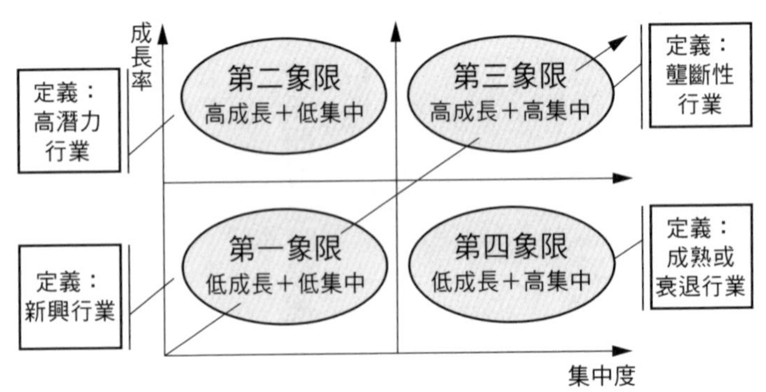

行業往往需要一段培育期，隨著行業發展茁壯，企業的產品會慢慢成為業界爆品。

## ◎第二象限：高潛力行業

特徵為高成長、低集中。判斷行業高成長的指標是：行業成長率超過三〇%，或超過國家GDP的三倍。當行業的成長率高、集中度低，說明當下還沒出現寡頭企業，往往是後來者加入的最佳時機。所以，第二象限是企業開發爆品時，要重點關注的領域。

我將這類行業定義為高潛力行業，此時要評估該行業是否與企業發展策略吻合。若高度吻合，企業要毫不猶豫地進入，開發具有策略性的爆品；若不吻合，要考慮這個行業是否具備長期價值。如果有長期價值，可能是企業未來策略升級的方向之一，因此可以進入。

## ◎第三象限：壟斷性行業

特徵為高成長、高集中，往往屬於壟斷性行業，存在高頻率剛需，但是進入門檻非常高，需要特許資格或是巨大資本額，一般企業很難在這些領域中分一杯羹。

例如，稀缺性能源、貴金屬（黃金）、金融行業，需求增速很快，但通常只有幾個大企業參與經營，一般企業沒有資格進入。由此可見，一般企業面對壟斷性行業時，即便存在市場機會也要慎重選擇。

### ◎第四象限：成熟或衰退行業

特徵為低成長、高集中，代表行業紅利消失，已進入爭奪存量的階段（注：注重既有流量和客戶的經營）。整個行業被少數巨頭壟斷，而且巨頭是靠蠶食其他弱小企業來獲得成長，這說明行業很可能已進入成熟期或衰退期。在這種情況下，後來者勝出的機會非常小，因此要迴避，不要盲目進入。

## 用「市場機會與企業能力模型」評估可行性

評估新產品的可行性時，要考慮兩個角度：一是從外部看市場存在哪些機會；

二是從內部看企業需要具備哪些能力，才能抓住市場機會。這個模型劃分為四個象限（見圖1-3）。

### ◎第一象限：無機會

外部不存在市場機會，內部不具備抓住機會的能力，這種情況定義為無機會。具備這種特徵的企業，往往會選擇放棄。

### ◎第二象限：潛在機會

外部存在市場機會，但內部能力不足，這種情況定義為潛在機會。對企業來說，這種機會還沒握在手上，要等到自己擁有足夠的本事運用機會才算數。此時，要評估潛在機會是否

圖1-3 市場機會與企業能力模型

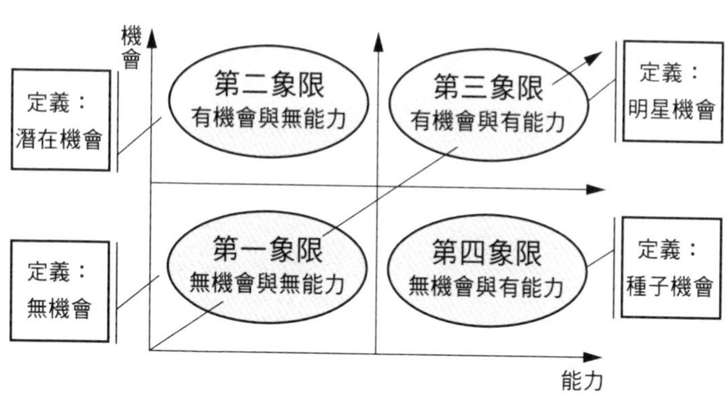

符合企業發展策略，若符合就投入資源來培養相關能力，若不符合就果斷放棄。

### ◎第三象限：明星機會

既有市場機會，且企業有能力的情況，定義為明星機會。對於企業來說，此時最有利於成功挖掘爆品，所以要重點關注第三象限，進行策略性投入。

### ◎第四象限：種子機會

無機會、有能力的情況，定義為種子機會。企業分析自己的核心能力在哪裡、機會從哪裡來，或是如何挖掘機會，就能靠著自身優勢創造機會。

## 用「產品分析模型」確認未被滿足的需求點

產品分析模型（見圖1-4）用於挖掘市場需求、分析產品缺陷、提供優化機會、尋找產品創新機會。要考慮兩方面：一是需求的強弱，二是需求是否被滿足。

### ◎第一象限：雷區

第一象限存在已滿足的弱需求，通常是產品的雷區。當顧客需求本來就不強烈，購買動機偏低時，很難出現銷量特別好的爆品。

### ◎第二象限：創新區

第二象限存在已滿足的強需求，是產品的創新區。當市場存在強烈需求，而滿足需求的方式有很多（例如顧客餓了，可以選擇漢堡、白飯、水餃等餐點），企業可以用創新的形式，取代顧客過去滿足需求的方式。

此時，創新有個基本前提條件，就

圖1-4 產品分析模型

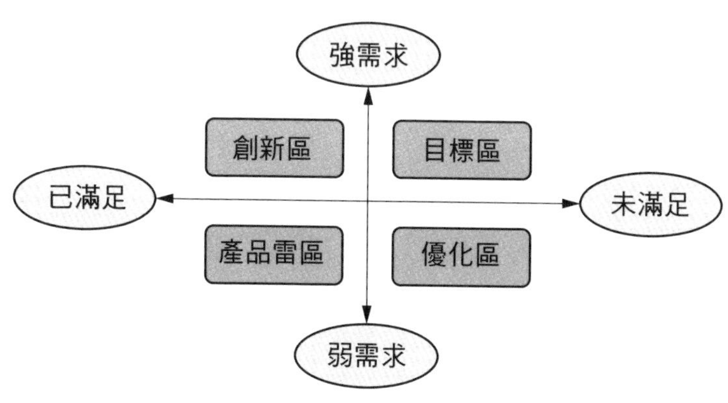

是新方式在效率或品質上，要比舊方式更有優勢，否則創新往往會失敗。比方說，過去的交通工具是馬車，汽車的發明提高出外交通的效率，於是很快取代馬車，滿足大眾需求。

## ◎第三象限：目標區

第三象限存在未被滿足的強需求，往往是產品的目標區。強需求代表行業有成長紅利，未滿足代表有市場缺口、供需關係失衡或供給不足，在這種情況下做產品，最容易獲得成功。

雖然各行各業都有不同程度的產能過剩，但消費需求總是不斷變化，只要深入研究，就能在某個細分領域找到未滿足的強需求。舉例來說，從零售業的發展趨勢，可以看出顧客需求的多變性。從傳統賣場發展到傳統電商，再到現今的短影片電商，當社會、經濟、技術發展到不同階段，會衍生出不同的強需求，繼而催生出不同商家。所以，產品開發者要緊盯第三象限，從中挖掘市場機會。

## ◎第四象限：優化區

第四象限存在未滿足的弱需求，是產品的優化區。雖然是弱需求，但仍有提升的空間，關鍵在於找出弱需求，分析其背後的驅動力。當前的弱需求可能會在未來變成強需求。舉例來說，奢侈品在以前是弱需求，但隨著人們的消費力增強，現在變成強需求。相反地，廉價品可能會從過去的強需求，變成現在的弱需求。

當判斷弱需求的未來可能性，絕對不能只看現況，而要結合行業和社會的發展趨勢。現在的弱需求若符合社會發展趨勢，透過培養引導，就會慢慢變成強需求。因此，我將第四象限定義為優化區，企業可以透過優化改善，把弱需求轉化為強需求。

## 用「關鍵因素分析」洞察左右成敗的要素

關鍵因素分析有兩種方式：一是遞進式分析，二是結構化分析。目的都是在開發過程中，找出左右成敗的關鍵因素，來解決產品問題。

## ◎遞進式分析法

關鍵因素的遞進式分析，像剝洋蔥一般，層層拆解出問題的本質。也就是說，從一個「問題原點」著手，找出引發問題的關鍵因素，然後分析這些因素如何導致問題發生，以及各因素之間如何相互影響，最後歸納出結論。

關鍵因素的遞進式分析模型，如圖1-5所示，運用時要先確定需要解決的核心問題，再找出問題的關鍵影響因素。透過層層遞進，最終找出核心驅動因素，作為解決問題的著手點。

舉例來說，行銷研究經常使用遞進式分析法，逐一羅列促使行銷成功的關

圖1-5 關鍵因素的遞進式分析模型

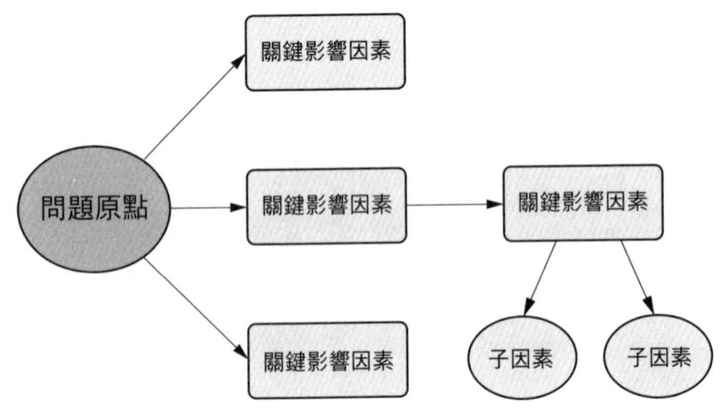

鍵因素。通常會從4P出發，即產品、價格、通路、促銷（推廣），然後分析4P如何幫助行銷成功，以及各因素之間的相互關係。

- 產品影響因素：顧客需求、體驗細節，以及產品的功能、外觀等。
- 價格影響因素：製造成本、競爭者價格、效率、購買力等。
- 通路影響因素：通路的類型、成本、關係等。
- 促銷影響因素：促銷（推廣）的主題、形式、管道、成本等。

## ◎結構化分析法

關鍵因素的結構化分析，是先將問題分成不同角度，再從不同角度分析關鍵因素，最後找到關鍵因素之間的共通性和交集，也就是問題的本質。開發產品時，這個交集可能就是需求的原點。

結構化分析與遞進式分析的區別是：遞進式分析是由一個點出發，透過層層推進，最終找到交集。結構化分析是從多個角度出發，透過化繁為簡，最終找到交集火或共通性。兩者雖然出發點不同，但最終結果可能是一致的。

關鍵因素的結構化分析模型，如圖1-6所示。比如說，挖掘產品機會時，可以從行業的角度出發，探索趨勢風口、行業競爭格局、行業集中度等。從需求的角度出發，可以分析顧客痛點、顧客需求、購買關注點。從競爭的角度出發，可以分析競爭者的優勢和劣勢。從企業的角度出發，可以分析自己的優勢和劣勢、核心競爭力和獨占資源等。

最後，找出四個角度的交集，可能就是你要找的產品機會。

圖1-6 關鍵因素的結構化分析模型

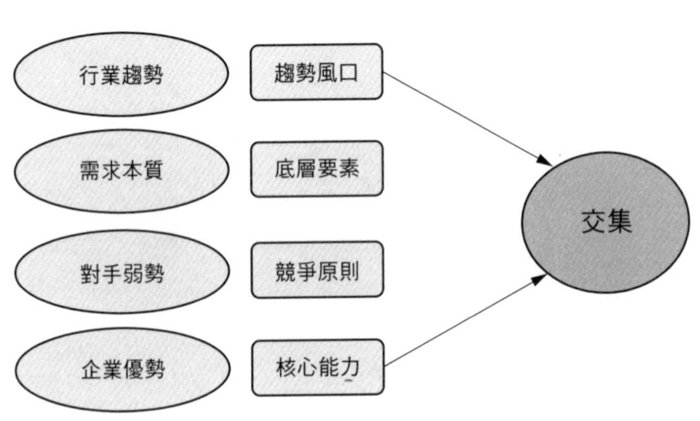

## 04 開發產品依循6階段流程，能提高上市成功率

### 遵循開發流程，助你降低失誤率

爆品開發流程如四十二頁圖1-7所示。開發新產品時，要以企業的發展策略為導向，透過市場調查挖掘使用者的痛點與需求，再根據調查報告進行新品立案。立案完成後，安排各項工作籌備，接著研發初始產品，並做市場測試。

市場測試完成後，進行定點試賣與產品優化。在這一系列操作之後，根據試賣獲得的數據，評估產品的成功率，並規畫大規模銷售。以下詳細說明這個六階段流程的細節。

## ◎階段1：市場調查

一般來說，市場調查要從五個面向展開：企業核心競爭力、競爭者、消費者、行業發展、宏觀環境。

### ①企業核心競爭力調查——

企業核心競爭力就是對手不具備、無法模仿的能力，或是對手可以模仿，但模仿的成本非常高。沒有領先優勢和核心競爭力的企業，很難在業界確立領導地位。企業核心競爭力的調查包括以下方面：

● 企業自身有哪些優勢？核心競爭

**圖1-7 爆品開發流程**

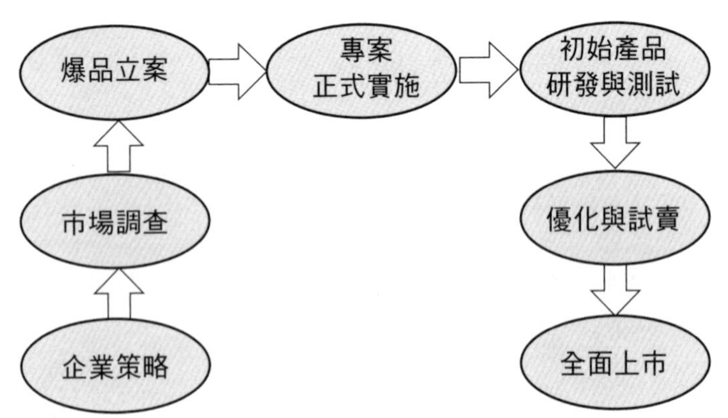

力展現在哪裡？擁有哪些獨占性資源？

- 企業自身有哪些劣勢？未來發展存在哪些瓶頸？
- 企業從過去的發展過程中，累積出哪些核心競爭力？

**②競爭者調查**——

了解行業的主要領導品牌，並找出行業前三名。具體上包括下列問題：

- 近三年主要競爭對手的市場策略和變化。
- 近三年主要競爭對手的市場策略，對市場造成哪些影響？
- 主要競爭對手的優勢和劣勢在哪裡？

**③消費者調查**——

消費者調查包括以下方面：

- 該行業的需求，本質上是什麼？
- 主要使用者是誰？
- 使用者輪廓分析：群體特徵、年齡、職業、消費觀念、使用習慣、購買力。
- 使用者對業界產品的認知度如何？
- 使用者購買行為的習慣是什麼？
- 使用者存在哪些痛點和高頻率剛需？
- 使用者的消費動機是什麼？
- 使用者購買時，關注點在哪裡？
- 使用者的應用情境和使用習慣是什麼？

④行業發展調查——

行業發展的調查往往從以下幾個方面著手。

**行業壁壘：**研究行業的進入門檻與退出門檻。門檻越高，表示行業壁壘越強。若行業的進入門檻高、退出門檻也高，一般小企業很難進入。進入門檻高、退出門檻低的行業是最佳選擇，因為進入難度會自然淘汰一批競爭者。若行業的進入門檻低、退出門檻高，會吸引很多人參與，使競爭變得非常激烈，但進入後較難退出，只能在紅海中展開肉搏戰。

**行業結構：**行業是由哪些領域構成、存量規模多大、年增幅多少、集中度高低、市場區隔程度、核心環節在哪裡、存在哪些機會和威脅，以及發展瓶頸等。

**行業週期：**行業屬於週期性或非週期性、處於發展週期的哪個階段（起步期、成熟期或衰退期）、屬於剛性需求或非剛性需求、未來發展趨勢為何、吸引力如何。

**成功要素：**包括技術、資金、人才、通路、產品、品牌、服務等。要了解進入行業需要具備哪些要素、自己已具備那些要素、不具備的要素該如何解決。很多企業在多元化擴張時，沒有考慮這個方面，直到一頭栽下去，才發現困難比想像中大得多。

**⑤宏觀環境調查——**

宏觀環境的調查往往從以下幾個方面著手。

**社會文化：**要了解當地人的宗教信仰、社交習慣，以及消費主力的消費觀念等，這分為主流文化和次文化，而且會隨著消費群體改變。

**經濟發展：**即宏觀的經濟發展，調查範圍包括產業結構分布、產品鏈的深度和廣度、產業發展週期等。還要了解國家的產業政策方向，包括支持發展什麼行業、限制發展什麼行業、新政策帶來哪些問題和機會。

**科學技術：**觀察產業前景時，技術趨勢是重要因素，調查範圍包括業界龍頭的技術研發方向，以及國家策略方向。對於後者，要觀察政府投入資源的領域，例如：晶片、大數據等，這些技術將是未來趨勢。

**政治法律：**包含政治環境、法律約束、國際關係、國家競爭力等。很多做市場調查的人會忽視政治環境，雖然從微觀來看，似乎遵紀守法即可，但若想把企業做大、做強、做出影響力，就一定要關注政治法律因素。尤其是涉足海外市場的跨國公司，更要仔細研究他國的政治法律，因為國家政局會大幅影響企業發展，不懂法律可能會讓企業家功虧一簣。

綜合以上針對自身情況、競爭者、消費者、行業及大環境的調查，構成市場調查報告，作為產品立案的決策依據。

### ◎階段2：爆品立案

根據市場調查結果編寫立案表，具體內容可以參考附錄一「爆品開發立案表」。

### ◎階段3：專案正式實施

在公司高層討論、審議通過立案表後，就能提交正式的專案報告，內容包括明確的職務分工、專案驗收標準、責任者、完成時間及考核細則。各組負責人必須簽字確認，由專案經理推動並協調整體進程。具體內容可以參考附錄二「爆品開發管理專案報告」。

### ◎階段4：初始產品研發與測試

先研發出1.0產品，投放到市場做測試，觀察使用者的反應。市場測試的週期通常是一週到一個月，之後根據使用者回饋改良產品。做市場測試時，最好選用網路平台，因為線上回饋比較迅速，留下的資料方便隨時參考。

## ◎階段5：產品優化與定點試賣

完成初始產品的優化後，2.0產品可以作為正常商品，在特定的區域、通路試賣。在試賣階段，要持續關注銷售數據和顧客回饋，蒐集市場的真實反應，檢驗產品有沒有不足的地方。試賣可以把風險鎖定在特定區域，即使產品暴露出不足，也不會對公司造成太大的負面影響。

試賣週期一般是三至六個月。太短會看不出效果，太長會浪費時間，還可能被對手模仿，失去引爆熱銷的最佳時機。嚴謹的方式是讓產品走完整個銷售週期，經歷淡季和旺季，以了解消費者對這個產品的需求週期，找出需求的高峰和低谷，為後期的推廣工作提供決策依據。

## ◎階段6：批量上市與常態銷售

經過試賣檢驗，產品通過市場考驗，在市場接受度、品質穩定性等各個方面都較為完善，可以開始常態銷售。

基本上，爆品開發流程都是依照上述六個階段執行，但根據不同行業、產品的複雜程度，時間節奏和階段順序可能有所調整。嚴格來說，這六個階段缺一不可，每個環節都有意義和作用，例如：提升效率和精準度、控制風險。複雜的流程看似降低效率，其實有助於減少犯錯機率，能更快達成目的。

## 熱賣攻略

▼爆品上市後需要一段培育期，互聯網時代的做法是先做好口碑、經營顧客忠誠度，如果產品品質好，自然會累積擴大知名度。

▼能成為爆品的產品，通常具備使用價值、娛樂價值和稀缺價值，而且賣相好、品質佳，擁有引爆話題性的好故事。

▼產品若沒有海量需求、無法引流、生命週期短，或只是短期投機的跟風商品，就無法成為暢銷爆品。

▼做行銷研究時，經常使用關鍵因素的遞進式分析，剖析產品、價格、通路、促銷這4P因素，能如何促使行銷成功。

▼做好充分的市場調查，以及上市前的線上市場測試、實體定點試賣，將產品打磨到最佳狀態，就能開始常態銷售。

第2課

# 先有流量才有銷量！
# 4方法啟動行銷戰法

# 01 找到顧客的品牌認知空白點，執行2大「定位」策略

有句諺語說：「人過留名，雁過留聲」，品牌也一樣，要留給消費者美好的印象。想實現這個目標，你必須做好品牌定位。

投資大師華倫・巴菲特（Warren Buffett）經常提到「商譽」這個無形資產。他為什麼這麼看重商譽？其實，商譽的本質就是品牌價值。企業的品牌價值不會計入帳面資產，但會透過市場價值反映出來，帶給投資者超額回報。品牌公司的真實市值，經常遠高於企業的帳面資產價值，這就是巴菲特看重商譽的原因。

## 如何做品牌定位？2策略讓人記住

如何進行品牌定位，讓品牌保值並持續增值呢？在討論品牌定位之前，要先了解品牌成形的邏輯：品牌的核心是「特色」，特色的保證靠「文化」，文化的淵源是「歷史」，歷史的傳承靠「故事」，故事的靈魂是「人物」，人物的傳頌靠「功德」（見圖2-1）。

用通俗易懂的話來說，就是有一個好人做了一件好事，我們用他的光榮事蹟作為品牌的宣傳載體，以講故事的方式讓後人繼續傳遞品牌文化。以中秋節為例，節日特色是吃月餅，這個習俗背後的故事就是嫦娥奔月的傳說。

有些人想改變中秋節吃月餅的固有認知，這是非常困難的。創立品牌必須以消費者認知為起點，不要指望改變消費者對商品的原始認

圖2-1 品牌背後的邏輯

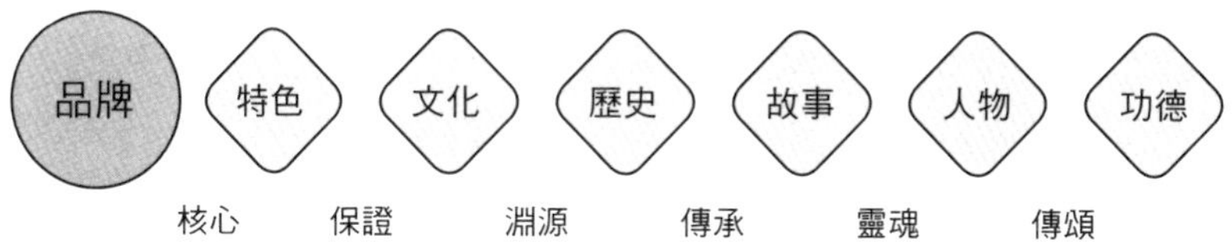

知，否則會付出很大的代價。

此外，品牌定位要根據品類屬性，找到消費者對品類和品牌的認知空白點，也就是消費者認知中還沒被競爭對手占領的空白陣地，才有插足的機會。

在上述的基礎上，我們探討品牌定位的兩種策略：順勢定位和對立定位（見圖2-2）。

### ◎策略1：順勢定位

順勢定位一般適用於品類集中度較低的行業。根據不同情況，有三種具體方法：搶、拆、立。

圖2-2 定位策略

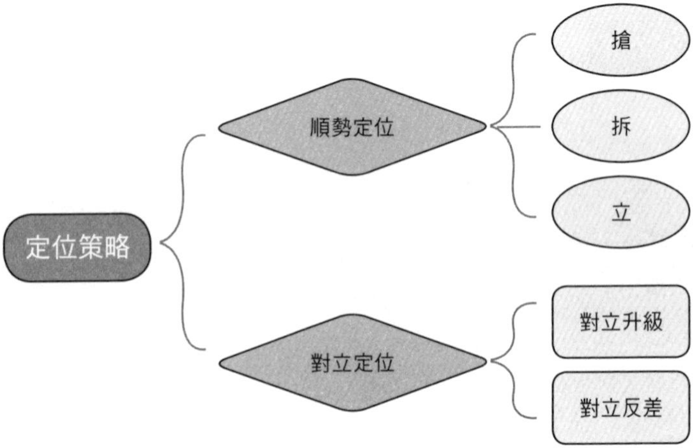

### ①搶——

**前提條件** 有品類認知、無品牌歸屬的情況，往往適用「搶」的方法。也就是說，被強勢對手忽略的行業，或是無人精耕的細分領域，沒有人刻意強調品類與自身品牌的關係，此時適合採用搶的定位方法。具體的量化指標是，行業前三名的合計市占率不超過三〇%。

**實踐要點** 在消費者已接受的品類，與自己的品牌特徵之間找到關聯，率先強調該品類與自身品牌的關係，讓自己代表該品類。由於從來沒有品牌刻意強調自己與該品類的關係，在消費者認知中，沒有一個獨特的代表性品牌，所以後來者有機會搶得先機。

早些年，外地人都知道北京烤鴨很出名，但烤鴨店家缺乏品牌意識，消費者也不清楚哪一家的北京烤鴨才正宗。基於當時的市場狀態，全聚德意識到品牌的力量，便開始進行北京烤鴨的品牌化操作。他們早期的廣告提出：「到北京，不到長城非好漢，不吃全聚德烤鴨真遺憾。」慢慢地，全聚德的品牌知名度提高，成功搶到代表北京烤鴨品類的先機。

## ②拆——

**前提條件** 有品類認知、有品牌歸屬的情況，可採用「拆」的方法。也就是說，消費者已有清晰的品類認知，也有強勢品牌能代表這個品類，且獲得消費者的認可，此時適合採用拆的定位方法。具體方法是，把大品類拆成細分品類，讓大品類為細分品類背書，然後把自己塑造為細分品類的代表者。具體的判斷指標是，行業前三名的合計市占率超過六五％，也就是品類集中度相當高的行業。

以飲料行業為例，其品類繁多，包括茶飲、果汁、碳酸飲料、運動飲料等，消費者對每個大品類都有清晰認知，不需要廠商刻意宣傳。而且，飲料的品類競爭非常激烈，各個品類都有龍頭企業。在這個情況下，王老吉用拆的方法找到突破機會，從眾多飲料品類中聚焦茶飲，並從茶飲拆出「涼茶」這個細分品類。他們早期的廣告是

「怕上火，喝王老吉」，讓王老吉一度成為涼茶品類的代表者。

同樣地，在休閒食品領域，家禽類有很大的市場。絕味公司藉著細分，占住「鴨脖」品類，煌上煌公司則主打「鴨掌」品類，現在這兩家公司都發展成上市公司。

**實踐要點** 對大品類進行分類排序，並做市場測試，找到消費者能接受的細分品類特徵，來執行品牌的區隔定位。

### ③立——

**前提條件** 無品類認知、無品牌歸屬的情況，往往採用「立」的方法。適用於新品類，或是消費者對品牌的認知非常模糊，甚至完全不了解的時候。

**實踐要點** 用自己的品牌個性或產品特徵，清晰定義品類的屬性。也就是說，用自己的優勢定義品類標準，再用自己的品牌特色為品類貼標籤，讓品類與自身品牌畫上等號。透過立品牌、定標準，讓消費者心中模糊的品類認知變得立體。由此可見，在執行立的方法時，一定要先清楚自己的優勢，確立自己的品牌主張，才能根據品牌價值定義品類屬性。

立的方法在醫療和醫藥行業中比較常見。醫療業的新產品往往是新藥或醫療器械，會以開發企業的優勢起草新藥標準並定義品類，然後報備政府相關管理部門審核。審核通過後，這家企業訂定的標準會成為品類標準，也可能是由這家企業參與制定品類標準。

早期幫寶適紙尿褲的推廣非常艱難，尤其是在日本市場。當時的廣告訴求是「讓媽媽更省事、少操心」，但日本的家庭文化與西方不同，日本家庭主婦花很多時間照顧孩子和老公。當產品宣稱讓媽媽更省事、少操心，會讓日本媽媽失去存在感，所以幫寶適紙尿褲剛在日本上市時，一直賣得不溫不火。

後來，幫寶適發現這個訴求非常適合中國家庭文化，中國媽媽會把少操心當作一種驕傲。幫寶適紙尿褲在中國推廣成功後，就成為紙尿褲品類的代表品牌。

## ◎策略2：對立定位

以上介紹順勢定位的三種方法，接下來談論對立定位策略。對立定位策略一般適用於行業集中度較高、已出現品類代表，並獲得消費者認同的行業。對於這種情況，後來者不能硬碰硬，只能借助領頭羊的優勢來發展。

對立定位根據不同情況也有兩種方法，包括對立升級和對立反差。

### ①對立升級——

**前提條件** 行業已有強勢品牌，但存在明顯缺陷，讓後來者有側翼攻擊（注：意指集中打擊敵人弱點）的機會，可以採取對立升級方法。

**實踐要點** 借助行業龍頭的影響力，用自己的優勢補足對方的缺陷或短處。萬事萬物皆有弱點，針對對方的致命缺點做側翼攻擊，是後來者在競爭中勝出的一條路徑。例如，在洗髮精市場，知名國外品牌主張的產品功能是去屑，國內新品牌就在這個基礎上，強調「去屑且不傷髮」，顯得功能更完美。

②對立反差——

**前提條件** 行業已有強勢品牌，而且足夠強大，不存在明顯缺陷，後來者找不到側翼攻擊的機會，只能退而求其次，採用對立反差方法。

**實踐要點** 透過反差帶給消費者心理衝突，引發好奇心去關注品牌。例如，蒙牛乳業創立時的定位是內蒙古第二，這引起許多人好奇，因為大部分企業都自稱業界第一、國內第一，甚至世界第一，而蒙牛的目標是做內蒙古區域的第二名品牌，夢想是不是不夠大呢？

現在回顧蒙牛的發展歷程，會發現早期定位為內蒙古第二，是比較接地氣的做法。當時內蒙古有伊利集團這個乳業老大哥，若蒙牛說自己是內蒙古第一，不但沒有人相信，還會招來麻煩。所以，他們採用內蒙古第二的定位，然後一路狂奔，衝刺發展成今日的地位。

## ◎定位策略成功的3個關鍵環節

以上是品牌定位的策略思路和實踐方法，為了確保定位的有效性，在實際操作時要特別注意三個關鍵環節。

**要充分考慮品類集中度與市場區隔程度：**在品類集中度越低、市場區隔越細的行業做品牌定位，往往越容易成功，反之則不易成功。

**要充分考慮消費者認知：**不要做陌生創新，因為消費者已有清晰的原始認知，只是未被活化。企業選擇的品牌定位，不能讓消費者覺得模稜兩可，否則銷量必定會一塌糊塗。

我有一個朋友曾是某家烘焙企業的產品負責人，一般來說，烘焙業的品類成熟度比較高，因此朋友做了一款蛋糕，定義為「非蛋糕」。這樣的品牌定位表面上看似創新，其實對消費者來說相當模糊，他們會疑惑：「不是蛋糕，那到底是什麼？」這個定位並未傳達清晰的品類特徵，消費者無法對它進行品類歸類，所以後來銷售一直很平淡。

**能快速建立正面價值聯想：**品牌定位必須能讓消費者快速建立正面聯想。如果消費者看到某個品牌時，首先會做出負面聯想，或是負面聯想大於正面聯想，就比較難成功。

## 行銷前，先琢磨品牌基因

做品牌，首先要塑造品牌基因，其次才是考慮如何傳播。若品牌基因沒有塑造好，投放再多廣告也是浪費，所以經常看到有些品牌的廣告勢如猛虎，卻沒什麼成效。塑造品牌基因往往會從五個方面著手，包括：旗號、名號、商標、口號、故事，以下逐一分析。

### ◎旗號：品牌的終極使命是什麼？

品牌旗號可以理解為品牌願景，也就是品牌最終想要達到的高度。很多企業都號稱要做百年品牌、老字號品牌等。不管能否做到，企業把品牌大旗樹立後，就會朝這個方向努力。很多網紅品牌就是因為缺乏旗號，所以紅得很快，也消失得很快。

品牌旗號的關鍵是要與企業願景保持一致。你的企業要走向哪個目標，品牌也要走往同一個方向。品牌願景和企業願景是一體兩面，可以理解為企業使命的兩種呈現方式。

## 名號：學3招，給品牌取個好名字

好名字對品牌非常重要，否則消費者記不住，也不利於宣傳。再有雄心的品牌，若不能給消費者留下深刻印象，就不是好品牌。

有一次出差時，我向一個大叔打聽當地美食。大叔說：「我們這裡有一家很道地的海鮮餐廳，而且是百年老店。」我們問他餐廳在哪裡、叫什麼名字，大叔想了半天也說不出餐廳全名。當時，我心想有這麼好的口碑，卻因為顧客記不住名字而失去生意，實在是可惜。

名號是非常重要的品牌基因，為品牌取名的方法仁者見仁、智者見智，以下僅從我的多年經驗提供一些建議。

**①直接強調產品的價值或功能——**

讓顧客不需要解釋就能一目了然。例如：舒膚佳香皂、飛柔洗髮精等，消費者從名字就能理解商品的屬性或特徵。

**②一語雙關法——**

運用同音異字或同音異意，既能從單一字義或合起來的字義，描述產品屬性、特點或功能，同時表達消費者的內心情懷。例如：宅小脆（宅男、宅女，而且產品很酥脆）、非同尋腸（不一樣的香腸，還代表一種人生觀）等。

**③利用人的逆反心理——**

利用人類愛挑剔的心理或逆反心理，故意寫錯字或利用錯誤的記憶點，來加深印象。例如：招牌上畫六個環，店名卻是五環餐廳。我有一個開店的朋友，故意把招牌上的一個字寫成錯別字，每個人走到店門口，看到那個錯字都會議論一番，反而達到宣傳效果。

**④用諧音和產品屬性建立關聯——**

使用與產品屬性有關聯的生活用語，來製造諧音，例如：逗你丸（大豆丸子）、丸來丸去（肉丸子）、輕鬆點（酥脆點心）等。

## ◎商標：讓Logo設計幫你創造記憶點

基本上，有記憶點的圖示都可以成為商標。商標和品牌名字一樣，是構成品牌非常重要的符號，在廣告界有「視覺錘（Visual Hammer）」之稱，能讓消費者看一眼就留下深刻印象。商標有不同形式，可以是文字、圖案，也可以是卡通形象，只要是有利於識別和記憶的符號，都可以作為商標。

商標設計的原則是簡單，因為人類的大腦喜歡簡單，不喜歡複雜。商標越簡單，識別度越高，越能被消費者記住。一些代表性的商標如圖2-3所示。

### ◎口號：5個方法想出洗腦廣告詞

品牌口號就是廣告詞，是品牌基因不可欠缺的一環。有記憶點的廣告詞能潛移默化購買行為，例如：「怕上火，喝王老吉」、「只溶於口，不溶於手」、「鑽石恆久遠，一顆永流傳」，消費者往往從未想過這些廣告訴求的真偽。廣告界流傳一個觀點：「認知大於事實」，這就是廣告詞的魅力。

我構思廣告詞的時候，會遵守四個原則：

- 能清晰表達產品的賣點。

圖2-3 商標例圖

- 簡潔、容易上口。
- 內容有內涵。
- 符合法規。

關於符合法規，我提醒企業家和廣告從業者，行銷產品絕對不能觸犯法規。政府對不同行業都有硬性規定，比如說，食品不能宣傳療效、香煙不能打廣告等。

廣告詞應結合顧客關注點、產品賣點、社會話題，宣傳力道才會大。具體來說，要先提煉產品賣點，知道要宣傳什麼內容；然後研究社會話題，因為與社會話題有關聯，曝光度就會比較高；最後研究消費者在社會話題之下，最關注什麼。結合這三件事提煉出的廣告詞，具備天時、地利、人和，宣傳效果會更好。

在這三個大方向之下，實際的構思方法有五種。

**①功能訴求法——**

強調產品的功能或價值，讓消費者了解產品可以解決的問題。這種方法是從消費者痛點植入品牌，舉例來說，「感冒，一粒起效」清楚表達快速治療感冒的訴求，類似的「猴菇餅乾養胃」、「嗓子不舒服，草珊瑚含片」，也是根據問題來強調功能。

### ②情感訴求法——

利用同理心或身份共情，激發消費者的情緒，產生品牌忠誠度。例如，從「百事可樂，新一代的可樂」看出，百事可樂為了吸引新一代年輕人，運用群體切割來跟可口可樂做區隔。

當消費者對某個品類和產品較為熟知時，最適合採用情感訴求法。相反地，若消費者不了解產品的屬性和功能，採取情感訴求的失敗率會很大。

舉例來說，王老吉早期主打降火氣功能，等到消費者都熟知涼茶的降火氣功能，才慢慢轉向情感訴求：「吉慶時分，喝王老吉。」如果消費者認知還停留在「王老吉是降火氣的藥」，而不是預防上火的飲料，情感訴求法就可能會失敗。因為吉慶時分應該是歡樂的氛圍，不適合喝降火氣的藥。

## ③數字表達法——

數字更理性，也更有說服力，把賣點轉化為衝擊性的數字，更能打動消費者。數字表達法採用的資料必須經過官方或權威機構認可，才有可信度。例如，某醬油強調曬足一百八十天，給人的印象是醬油曬得越久，品質越好。還有，舒膚佳香皂有效殺菌九九．九%、養樂多含一百億活性益生菌、飲料杯連起來可以繞地球七圈，這些都是運用數字，將產品賣點表達得淋漓盡致。

## ④關聯類比法——

透過關聯類比建立正面聯想，能讓消費者想到該產品的特徵或好處。有一個保健品廣告說：「六十歲的人三十歲的心臟，三十歲的人六十歲的心臟」，就是用對比突顯保健品對心臟的好處。有一家行李箱企業強調，他們採用可三百六十度旋轉的航空輪。「航空」二字會讓消費者立刻想到高級、耐磨，所以那款行李箱賣得特別好。

關聯類比法有幾個操作關鍵：

- 用作類比的事物要與自己的產品有關聯，才能建立聯想。若絲毫沒有關係，就很難建立聯想。
- 消費者對用作類比的事物已有清楚認知，而且是積極正面的認知。
- 用作類比的事物最好具有第一性或唯一性。

⑤信任材料背書法——

當產品面臨競爭，或是競品之間差異不大時，需要信任材料來增加品牌的可信度，以贏取消費者認同。例如，有些品牌強調正宗，透過無形文化遺產傳承人的身份做背書，來證明自己的正統性。

## ◎故事：說個好故事，更有說服力

人們喜歡聽故事，我經常強調要用講故事的方式為消費者留下印象。好品牌源自於好故事，透過故事，品牌能夠一傳十、十傳百。

想要寫出傳神的品牌故事文案，得先掌握幾個訣竅。首先，提出一個價值主張，並根據它刻畫角色定位和人物輪廓。接下來，為品牌故事的開端製造懸念，吸引消費者一探究竟。

然後，在故事情節製造衝突與反差，一波三折地推向高潮。在這個過程中，衝突與反差要有情節和細節，才能扣人心弦。最後，在故事結尾給出意外的結局，例如事與願違或悲劇，因為悲劇能讓讀者留下遺憾，有遺憾才能吸引更多人關注。

杭州的中藥鋪「胡慶餘堂」，是做中藥材生意的百年老字號。胡慶餘堂的故事，就是一部紅頂商人胡雪巖家族的興衰史與功德史。

胡雪巖小時候從安徽到浙江做藥材生意，慧眼識才資助少年王有齡讀書。王有齡後來當上湖州知府和浙江巡撫，知恩圖報的他，在湖州期間幫助胡雪巖經營絲綢和錢莊生意。而且，胡雪巖透過王有齡結識朝中大臣左宗棠，也獲得慈禧太后的賞識，慈禧還曾賞賜他一件黃馬褂。

胡雪巖的前半生順風順水，官運和財運亨通。然而，左宗棠與李鴻章不合，李鴻章為了要斷左宗棠的財路，就拿胡雪巖當犧牲品。胡雪巖臨死前提出一項要求，所有錢莊、絲綢等生意都可以不要，只希望把胡慶餘堂留下來，用於濟世救民。胡雪巖用一生的積蓄保住胡慶餘堂，胡慶餘堂也成為胡雪巖留名青史的遺澤。

我們從胡慶餘堂的品牌故事中發現，裡面有人物，就是胡慶餘堂的老板胡雪巖，還有價值主張，就是濟世救民。故事情節一波三折，而且最後的結局是悲劇。

## 品牌基因好不好？評價標準是……

品牌基因的好壞，決定品牌能否成功。做品牌管理時，會從以下方面判定品牌基因是否健全：

- **識別度：**簡單、易識別、好記憶，強調差異化，突出特色。

- **記憶度：**能讓人留下印象，具備成為記憶點的核心要素。
- **認知度：**符合正面認知，能產生心智共鳴（客戶認為你是什麼）。
- **聯想度：**根據記憶點，顧客會快速建立積極的品牌聯想。消費者看到品牌會想到好處，能刺激他做出行動。
- **內涵度：**品牌富有內涵，具有一定的象徵意義。
- **排他性：**能獲得法律保護，例如註冊商標，保護智慧財產權。

## 掌握核心7步驟，完美打造品牌

綜合上述打造品牌定位與品牌基因的方法，我們梳理出品牌規畫的七個步驟，這也是企業做品牌診斷和產品規畫時，經常使用的邏輯和方法。

### ◎步驟1：品類定位

消費者購買產品時，首先想到的是品類，因此品類定位是產品規畫的起點。品類定位要解決以下關鍵問題：

- 品牌具有什麼品類屬性？代表什麼品類？要根據業務範圍，界定品牌代表的細分品類。
- 品類的存量規模和未來趨勢，以及品類發展背後的驅動因素為何？
- 品類認知度：消費者是否有清晰的認知？
- 品類聯想：消費者能聯想到什麼？
- 品類的區隔程度和集中度：是否有機會切入？

## ◎步驟2：品牌特色定位

要思考品牌具備什麼特色，以及這個特色背後的文化內涵、象徵意義是什麼。品牌特色、文化內涵來自兩個方面：一是源自創辦人的初心，回顧品牌發展的歷史，審視創辦人在什麼情況下創立品牌，就能找到品牌的核心內涵。

二是從產品中自然衍生出來，很多品牌都是先做出一款好產品，再從第一個產品開始品牌化。當產品大賣，品牌就成功做起來。

### 步驟3：核心價值定位

品牌具備什麼價值？價值主張是什麼？要根據產品能實現的功能或企業使命，確定品牌核心價值。

### 步驟4：確立信任材料

想讓消費者相信你擁有這些獨特的特色和價值，你需要找到支撐價值的信任材料。

### 步驟5：提煉訴求點

根據第一原理（注：first principle，這個詞源自哲學理論，引申到商業思維是指拆解事物的表象，看到裡面的本質，從中找出新的解決方法）挖掘品牌的價值主張，提煉出打動人心、獨一無二的訴求點，使宣傳聚焦。

## ◎步驟6：場景化的互動設計

根據購買場景的特徵，設計與顧客互動的策略，以活化訴求點。

## ◎步驟7：建立品牌壁壘

品牌特色和價值是否很容易被取代？別人的成本是否遠高於自己？產品的壁壘越高，對手越難模仿，品牌的溢價能力就越強。

接下來用香草豬的真實案例，詮釋這七個步驟如何實踐。

- **品類定位：**提及香草豬，消費者馬上想到吃草長大的豬，建立起正面聯想。
- **品牌特色定位：**吃草、喝山泉水長大，是香草豬的特色。在大眾認知中，豬都是吃飼料長大，普遍認為吃草的豬更健康、環保。
- **核心價值定位：**美味、香而不膩。
- **確立信任材料：**科學院院士參與研發，有基因改良、自建牧場等一系列的背書，提高消費者的信任。

- **提煉訴求點：**在過去的清貧年代，不可能餵豬吃飼料，家裡養的豬都是去田間挖草餵食。那時候的豬肉鮮香流油，老一輩還記憶猶新。
- **場景化的互動設計：**在超市生鮮區、菜市場做試吃推廣，吸引消費者參與。
- **建立品牌壁壘：**從基因改良、種豬繁育、畜養、屠宰，在整體產業鏈建立壁壘，讓對手難以模仿。即便對手想模仿，因為建設產業鏈需要龐大的資金和時間，短時間很難做得到。

透過這些步驟，香草豬形成一個高級品牌，對手很難找到切入點，無法參與這個品類的競爭。

# 02 提煉出產品賣點，用視覺化12個技巧在市場「占位」

產品定位是根據品牌的個性、特色及品牌故事，來規畫產品線，並從中找出一款最能展現品牌特色或個性的產品當作載體，透過該產品的功能和利益點，表現品牌承諾的價值。

品牌承諾的價值和個性，必須與產品的功能和利益點保持一致。舉例來說，假設品牌的承諾是安全、健康，做出來的產品就一定要環保、品質好，不能是假冒的偽劣商品。

## 如何做產品定位？從3方面分析

### ◎品類定位

產品屬於什麼品類？例如：主食類（解餓）、代餐零食類（解餓又休閒）、零食類（休閒）、消費品類、工業品類等。品類越具體，產品定位就越清晰。

### ◎價值定位

產品的用途是什麼？能為顧客解決什麼問題、帶來什麼好處？回答這幾個問題，能展現出產品的價值。

### ◎賣點定位

產品的價值可能比較抽象或模糊，所以要把產品價值濃縮成一句更具體的廣告詞，也就是產品賣點。

提煉產品賣點時，可以運用4C法則，也就是從競爭（competitor）、企業（company）、顧客（customer）、信任（credentials）這四個角度，來分析賣點，提煉出產品的差異點、價值點、利益點及利益支撐點。

**首先，從競爭角度挖掘產品的差異點**。可以從不同方面著手，例如：原料特色（選材與別人不一樣的地方），工藝特色（生產工藝與別人不一樣的地方），包裝特色（包裝形式與別人不一樣的地方），文化特色（獨特的地域特色、歷史典故、人物傳奇故事），以及消費者內心情懷（滿足消費者的內心需求、代表時代元素）。

**其次，從企業角度挖掘產品的價值點**。企業提供的價值，就是產品的差異點或特色能為顧客解決什麼具體問題。

**再次，從顧客角度挖掘顧客的利益點**。企業提供的價值，對顧客有什麼好處？嚴格來說，價值和利益不是同一件事。價值是站在企業的角度，看企業能提供什麼；利益是站在顧客的角度，看顧客能從產品獲得什麼好處。

**最後，從信任角度挖掘利益支撐點**。顧客憑什麼相信企業能提供這些價值或好處？企業通常會提出佐證來提升信任度，例如：用真實案例、榮譽資質、獲獎證書等作為背書材料，讓顧客相信企業的確能提供宣稱的價值。

舉例來說，當年蒙牛開發特侖蘇牛奶時，民眾的生活水準不如今日，牛奶是奢侈品，一般家庭很少喝，通常當作拜訪親友的伴手禮。根據當時的奶業標準，每一百克牛奶中，若蛋白質低於一．〇克，只能稱為乳飲料，不能叫作牛奶。基於這個背景，蒙牛決定開發一款主攻伴手禮市場的高級牛奶，差異點是每一百克牛奶中，蛋白質含量三．三克。其他的產品賣點還包括：

- 價值點：蛋白質含量高，代表營養價值高。
- 利益點：根據當時的伴手禮消費模式，提著特侖蘇送禮顯得高級又大氣。
- 利益支撐點：一上市就獲得世界級的ＩＤＦ大獎，而且奶源來自北緯四十五度黃金奶道的專屬牧場。這些信任材料的背書，讓消費者相信特侖蘇是高品質牛奶。

## 將賣點視覺化，塑造鮮明的形象

產品有了賣點還不夠，關鍵是如何讓顧客感受到賣點的好處。要做到這一點，最有效的方式是賣點視覺化，也就是根據產品的賣點和特徵設計視覺方案，藉由視覺衝擊，讓顧客感受產品的價值。

賣點視覺化是我為安徽一家上市國有企業做諮詢時提出的概念。研究發現，人類獲得資訊的來源中，視覺途徑占八三％，聽覺途徑占一一％，其他途徑合計占六％。腦科學研究也發現，感官系統和原始認知決定人的行為和判斷。因此，人更相信自己直接看到的東西，即眼見為憑。

由此可見，視覺是人們獲得資訊的主要來源，把賣點轉化為可看到的價值，是打動顧客非常重要的方式。賣點視覺化有三大原則：

- **突出不同：**挖掘與眾不同的價值點、獨一無二的賣點。不求更好，但求獨特。
- **見證效果：**讓顧客能直接感知產品的價值或好處。如果產品的價值不可感知或感知性非常差，賣點視覺化的衝擊力就大打折扣。
- **比較效應：**透過對比見證，突出產品的差異化價值和優勢。即便自己做得不完美也沒關係，只要做得比對手好，就能打動顧客。

舉個例子說明比較效應，你認為，考試成績排名前三名的學生壓力比較大，還是排名末三的學生壓力比較大呢？許多人以為後三名的學生壓力比較大，但調查發現，實際上是前三名的學生壓力更大，而且壓力最大的是第一名。這是因為排名靠前的學生進步空間很小，表現稍有不好就會退步，而排名靠後的學生進步空間非常大，很容易獲得成就感。

## 賣點視覺化的12道大補帖

如何做好賣點視覺化？我有幾個經常運用的技巧，與大家分享。

### ◎(1)讓顧客直接看到效果

把產品效果直接呈現給顧客，讓顧客親眼看見或親身感受產品的好處。

**適用條件** 能快速見效且操作簡單的產品，無須借助其他輔助工具，從產品體驗就能看到效果，而且效果顯現的時間越短越好。

**操作要點** 拿產品或樣品給顧客體驗，讓他們在體驗過程中看到真實效果。

我曾負責一個除草劑專案，當時陪同公司的銷售人員走訪市場做調查，發現銷售人員在介紹產品時，講了很多專業術語。我不懂化工，農用物資商大多也不是工科出身，根本聽不懂。後來我實在受不了，就打斷銷售人員並問：「打下去多久能除草？」他回答：「中午兩個小時以後，就能看到效果。」

我馬上讓農用物資商拿出噴霧器，我們把隨身帶的樣品倒進去，施打在路邊一塊雜草叢生的地方。三個小時後，那片雜草已經枯萎了。因為除草劑是強酸，加上中午太陽曝曬，打完藥之後，很快就能看出效果。農用物資商看到效果自然會心服口服、認同產品，這就是視覺化的魅力。

推廣產品時，一定要讓顧客看到效果或價值。特別要注意的是，這個方法的成功前提是產品能快速見效，而且此效果必須是顧客特別在意的痛點，也就是與顧客的切身利益相關。

我曾為一家戶外照明企業做諮詢，當時他們打算競標政府的大型專案，問我如何才能脫穎而出。我問他們：「產品有什麼優勢？」他們列舉出光效好、外觀好看、節能、防水性好、耐高溫、安全性高、核心部件獨立研發、服務好等。

我心想，對政府的招標專案來說，安全性絕對是第一考量。與安全性相關的產品要素是防水性、耐高溫，因為戶外照明燈需要常年經受風吹雨淋、太陽曝曬。於是，我從防水性和耐高溫這兩項優勢做賣點視覺化。

我讓公司的人拿電磁壺加滿水，然後把燈丟到水裡慢慢加熱，一直燒到攝氏一百度，模擬戶外最惡劣的天氣環境。結果，水燒開後燈還亮著，連續測試三次都確定沒問題。招標當天，公司的人在現場演示一遍，然後說：「我們的戶外照明燈有一流的防水性和耐高溫性。」最後，他們果然成功奪得標案。

經過這個案例，我獲得的啟發是：視覺化賣點必須是消費者最在意的產品優點，而不是賣點越多越好。

### ◎(2) 讓顧客聽到、吃到或摸到

讓顧客透過聽覺、味覺、觸覺等其他感官，體驗產品的某種好處。舉例來說，逛超市時經常看到產品試吃、試喝等攤位活動，其實就是用感官效果的視覺化，突出產品特色。

**適用條件** 無法用視覺直接看到，只能從其他感官體驗效果的產品。

**操作要點** 分析產品特色和價值，找到一個既符合顧客認同標準，又可用非視覺感官直接觀察的特點或好處。

我為一家汽車公司做諮詢時，問銷售總監：「你們家的車跟別人比，有什麼不一樣？」他說：「拿最簡單的來說吧！車門是乘車人的生死出入口，安全性的需求

更高。我們家的車門是用整塊鋼板鑄造，別人家大多是用三塊鋼板焊接。」

可是，車門噴上烤漆後，誰能分辨哪一家是用整塊鋼板鑄造，哪一家是用三塊鋼板焊接呢？我研究這兩種車門的差異，無意間發現關上車門時，整塊鋼板鑄造的車門會發出「砰」的聲響，聽起來很厚重，而三塊鋼板焊接的車門會發出「啪」的聲響，聽起來很輕薄。

於是，我讓銷售人員在介紹車子特點時，著重車門的安全性，強調他們的鑄造技術，最後透過對比關門的聲音，讓顧客直接觀察不同。

### ◎(3)用小道具呈現賣點

當產品賣點無法用人類的感官直接觀察時，得借助輔助工具展示。

**適用條件** 操作複雜或無法用感官直接體驗，需要借助工具判斷效果的產品。

**操作要點** 製作一種簡單道具來代替複雜產品，把產品的全部功能或部分功能植入道具中，借助道具呈現產品功能。舉例來說，農夫山泉推出弱鹼水，推廣產品時，在每瓶水上都綁一條PH試紙，讓消費者可以根據PH試紙的測試結果，證明水的弱鹼性。

我曾參與開發一種處理甲醛的光觸媒技術塗料，這種技術賣點無法直接用五感體驗，推廣難度相當大。後來，我們製作出檢測甲醛含量的儀器，先在未使用產品的房間裡做檢測，得到的數據非常嚇人。接著，在同一個房間裡施用產品，再檢測一次，甲醛含量大幅降低。藉由對比前後的資料，就能讓顧客看到產品效果。

再舉個例子，我有一個做矽藻泥塗料的朋友，該行業競爭激烈，而且產品同質化嚴重。他做的矽藻泥塗料有環保功能，但是環保材料市場還在培育階段，顧客感覺不到環保效果，於是他找我幫忙想辦法。

我建議他，買幾條泥鰍回來，養在矽藻泥裡面，如果泥鰍一直活著，就證明矽藻泥的確環保。當顧客上門時，拿出這些活蹦亂跳的泥鰍，告訴顧客泥鰍天天泡在矽藻泥裡面都沒事，他們就會相信這個材料很環保。

## ◎(4)用見證活動集中推銷

集中在同一個時間或地點，將產品效果展示給顧客。

**適用條件** 見效週期長、操作複雜的產品。

**操作要點** 選擇在產品效果最佳的時期，規畫見證活動。

我們在推廣農用物資時，經常使用這種方法，因為農產品有生長週期，而且週期非常漫長。銷售農用物資的企業都會種植示範田，選擇在莊稼長得最好的豐收季節，邀請種植大戶前往觀摩。

舉例來說，除草劑行業經常運用此方法，比較用過除草劑的田地與未用除草劑的田地。前往參觀的農民會看到，用過除草劑的田地雜草很少，未用除草劑的田地雜草橫生，甚至蓋住莊稼。透過這種效果見證，就能促使農戶購買。

## ◎(5)強調產品的獨一無二

當產品具有明顯的差異化特點，要凸顯這些差異點來強調產品效果。

**適用條件** 當產品很有特色，但是效果不明顯或好處比較難感知時，就需要特別突出差異化特色，來獲得顧客認同。

**操作要點** 產品的差異點一定要足夠明顯，能對顧客造成衝擊力，並且引發正面聯想。要注意的是，追求差異化時一定要避開差異化陷阱，也就是說，差異點一定要對顧客有價值，不能為了追求差異化，而刻意強調毫無意義的特點。

小罐茶的創新就是走差異化路線。茶葉過去的銷售模式都是大包裝、按斤賣，小罐茶卻做成小包裝、按罐賣。他們走精品路線，強調小罐裝更方便、包裝更美、更有高級感，從而獲得成功，年銷售量突破八十億元。

我有一個做女性內衣的朋友，按照一般方式將內衣分成A～E等尺寸，然後每個尺寸做出四種顏色，一款普通的內衣就有二十件單品。

我朋友有一個競爭對手，只做一款產品叫「無鋼圈內衣」，強調無鋼圈更舒適，搶了他的市占率。還沒等他反應過來，又出現另一個競爭對手，只做一款產品叫「無尺碼」，其實就是背心。

這些無鋼圈、無尺碼的內衣，適合不同年齡和職業的人，而且可以在不同的場景穿著。因為無尺碼採用同一種款式、同一種布料，布料可以批量採購，進行規模化生產，而且生產線採用同一批工人，作業熟練度更高，所以成本大幅下降，最終贏得市場。

### (6) 強調企業的特殊實力

當企業具有獨占性資源或其他核心競爭力時，可以著重凸顯企業的實力。

**適用條件** 當產品效果不明顯，又沒有差異點，但是企業具有一定的實力和特殊背景時，可以讓企業為產品做背書，提升消費者信賴感。多元化經營的集團企業特別適用這個方法。

**操作要點** 挖掘能展現企業實力的產品要素，或是企業本身能獲得消費者認同的資源和實力，並進行包裝，放大亮點。

蒙牛集團剛成立時，品牌影響力不高，但有一個能獲得消費者信賴的亮點工程，就是全球樣板工廠。這個工廠由利樂公司贊助建設，實現全流程自動化。在品牌推廣過程中，蒙牛邀請意見領袖、媒體人、大客戶、代理商等參訪工廠，藉此樹立雙方合作的信心，並形成口碑效應，增加經銷商對蒙牛的忠誠度。

### (7) 將產品化身為卡通人物

設計一個生動的符號，透過它與顧客建立情感共鳴。

**適用條件** 當產品效果不明顯、沒有差異化特點，企業實力也一般時，可以設計生動的卡通形象，作為產品化身。透過卡通形象與顧客互動，可以增加顧客黏著度。

這個方法的成功案例是堅果食品零售商三隻松鼠，其松鼠卡通形象獲得很多人喜愛。早期透過卡通形象與顧客互動，加強情感連結，後期製作松鼠動畫片，進一步強化消費者對企業品牌和產品的忠誠度。

另一個案例是貝因美奶粉商旗下的吉祥物「小龍容」。貝因美早期設計出卡通形象小龍容，在戶外推廣時與小孩們互動，後期又衍生很多小龍容周邊，並拍成動畫片，藉著卡通形象拉近與顧客之間的距離。

### (8) 將產品連結到傳奇故事

好產品背後一定有個傳奇故事。要把實用和有趣的創意融入故事，透過故事與消費者產生共鳴。

**適用條件** 在產品效果不明顯、沒有差異化特點、沒有企業亮點，也不適用視覺符號的情況下，創作一個能引起顧客共鳴的故事。用故事連接顧客的內心，能讓產品獲得更好的溢價能力，尤其是對喜歡文創元素的年輕人來說，效果更好。

這個方法的重點是，產品的創意原點要充滿傳奇性，才能吸引消費者。創意可以來自兩個方向，一是來自創辦人的不平凡經歷和功績，例如前面提到的胡慶餘堂，以及北京同仁堂等老字號。

二是來自歷史文化典故或地域特色。思考產品最早的靈感來源是什麼、開發這項產品的緣由是什麼，並從中挖掘故事要素，提煉產品故事。例如：李渡酒的文化源頭，是李渡當地的元朝窖池遺跡。

## ◎(9)呈現企業的特色服務

如果企業在服務方面比較有特色，就可以凸顯出來，讓顧客親眼看見。

**適用條件** 產品功能不易識別，也沒有明顯特色，但是在服務上具備可以視覺化的差異點。

這個方法尤其適合服務業，重點是挖掘自身的服務特色，或打造與產品高度相關的特殊服務，藉此營造場景氛圍，激發顧客的消費熱情，並留下深刻印象，產生忠誠度。要強調的是，服務不但要突出自己的特色，最好還可以與顧客互動。

到餐廳用餐時，最常遇到的問題是上菜太慢。生意越好的店，上菜速度越慢，或是人越餓的時候，越容易覺得上菜速度慢。

有一次我去成都出差，在一家餐廳吃飯。在我們點餐後，服務生在桌上放一個沙漏，說明三十分鐘後，如果沙漏裡的沙子漏完，但是菜還沒有上齊，之後的菜一律免費。於是，我們一群人開始雙眼盯著沙漏，巴不得上菜慢一點。好不容易等到沙子快漏完，眼看還有兩道菜沒上，我們開始歡呼：「今天賺到兩道菜！」沒想到一抬頭，服務生已經一手一個盤子放到桌上了。

這家餐廳敢做承諾，也能做到及時上菜，這就是功夫。其實，他們只是設計一個小小的服務差異，也就是沙漏，來吸引客人的注意力，讓客人不但不會催菜，還會留下深刻印象。

### ◎⑽呈現企業的特殊文化

有些企業的服務沒有視覺化亮點，但是有地域特色或風土人情。找到這些文化特點，把它呈現出來。

有一次我去新疆出差，當地最有名的美食是新疆烤羊肉，不過烤羊肉餐廳到處都是，完全同質化，味道也都差不多，很少能讓顧客留下深刻印象。然而，我們發現一家餐廳，他們每隔三十分鐘會表演一段新疆舞，讓客人一邊欣賞一邊用餐。我的同事為了看舞，又加點兩道菜，第二天還有人提議再去吃一頓。

這就是經營之道，當顧客透過舞蹈體驗新疆文化，當文化透過視覺化傳遞出來，就能黏住顧客，讓他們流連忘返。

## ◎⑾給顧客看得見的信任材料

信任材料是能為產品賣點背書，藉此獲得顧客信賴。信任材料的形式五花八門，在合法範圍內，一切能為產品背書的元素都可以當作信任材料。常見的有意見領袖口碑、權威專家或名人代言等，利用人們對專家、意見領袖的信任，讓消費者對產品產生信賴感。

有些信任材料是產品或服務獲得的資格認證，例如：獲獎證書、專利證書、成功案例、知名合作夥伴等。這些資格本身就是證明產品優點的依據，比較容易贏得信賴。此外，還有真人現身說法，就是由真實消費者站出來見證產品效果，藉此取得顧客信賴，這在藥品、保健品領域比較常用。

信任材料的目的是打消顧客的顧慮，以信任材料作為依據，證明自身產品是優質的、能為顧客帶來利益。因此，信任材料一定要有說服力，否則會失效。

有一次我到廣州執行專案，朋友請我吃正宗的潮汕粥。服務生說：「我們煮粥的水都是用農夫山泉水，稻米都是在東北專屬基地種植，品質很好。」我們很心動，就點了一鍋海鮮粥。

當我們吃到一半，服務生提著半桶農夫山泉水走過來，並說：「這是煮粥沒有用完的水，你們可以現在喝，也可以帶走。」朋友感到莫名其妙，我開玩笑說：「你別緊張，其實他的目的是向我們證明，這鍋粥真的是用農夫山泉水烹煮，讓我們相信而已。」服務生提來的半桶水就是粥的信任材料，告訴我們不要懷疑。

### ◎⑿給顧客看得見的承諾

給顧客看得見的承諾，藉此打消顧客的顧慮。

**適用條件** 當產品沒有賣點、差異化特點，企業也沒有亮點時，只能用價值承諾打消顧客的顧慮。承諾一定不能言而無信，必須言行一致，否則會適得其反。

這個方法的成功前提是產品品質讓人信服，不能犯低級錯誤。在做出承諾前，一定要測試風險大小和風險機率，不能亂給承諾。要做到風險可度量、可控制，並充分做好風險防範措施。可以事先進行小範圍試驗，證實風險較小或風險可控之後，再擴大承諾的範圍，就能保證兌現，又能有效控制風險。

深圳有家連鎖水果超市叫「百果園」。由於農產生鮮的損耗率非常大，而且很難做出差異化，百果園的老闆思來想去，終於找到一個突破口，就是向顧客承諾「三無退貨」，即無理由、無實物、無發票，也可以退貨。不管退貨原因是什麼，企業先把責任攬下來，主動承擔風險。

當初老闆提出這個想法時，公司內部的反對聲浪四起，擔心有人會惡意退貨。他們決定先找一個地區試試看，結果發現惡意退貨率不足一%，但是三無退貨的承諾贏得顧客信任，使會員數大幅成長。後來，百果園持續堅持三無退貨的承諾。

# 03 想讓「宣傳」快又準，要先設定訴求點，再做哪些事？

產品做好之後，要選定宣傳的訴求點。訴求點是產品的靈魂，透過訴求點與顧客溝通，可以提升產品的知名度和美譽度，最終實現忠誠度。制定一擊即中的訴求點非常重要，例如「鑽石恆久遠，一顆永流傳」這樣的廣告訴求點，擁有讓觀眾死忠追隨的魔力。

制定訴求點時，要綜合考慮顧客認知、產品賣點、競爭對手這三方面。對於「你有什麼與眾不同的價值？」、「顧客認同這個價值嗎？」這兩個問題，答案要達成一致，否則是自說自話，會造成廣告與顧客認知互相背離。

## 訴求點要從3個角度打動人心

訴求點能否讓顧客心動，取決於它的穿透力。為了做到這點，我提出訴求點提煉模型，藉由找出顧客關注點、產品賣點、社會話題三個角度的交集，來提煉一個打動人心的訴求點，如圖2-4所示。

## ◎顧客關注點

相較於產品本身是什麼，「顧客關切什麼」才是最重要。訴求點要聚焦在顧客最關切的事情上。

為什麼有機食品在高收入家庭越來越受歡迎？根據了解，有些人喝茶不是買茶葉，而是直接買茶樹，然後花錢雇人打理，保證不施打農藥。有些人去東北承包黑土土地，雇人為自

圖2-4 訴求點提煉模型

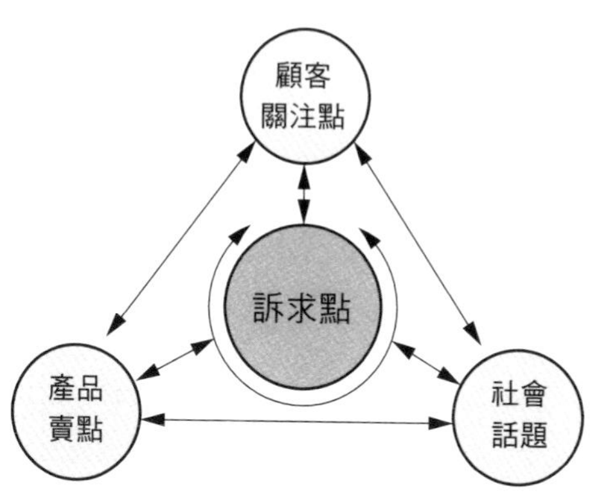

己種植稻米。其實，這些現象反映出現代人越來越重視食品安全。有些商家抓住這個點，強調手工、有機、自家種植等，凸顯自家產品的健康理念。

### ◎產品賣點

前文提到，產品賣點就是具體化的產品核心價值。廣告訴求點要凸顯獨特的賣點（unique selling point，簡稱ＵＳＰ），讓大眾知道、了解並上癮。

### ◎(3) 社會話題

找到當下有影響力、持續性的社會話題，例如奧運會等國際體育賽事，展開借勢宣傳（注：「借」著時事的「勢頭」，帶動品牌的討論聲量，類似跟風的意思）。比方說，當政府喊出共同富裕、先富幫後富的口號，很多商家就去偏遠山區舉辦捐贈活動，藉機植入廣告宣傳。

## 講究3關鍵，大大提升宣傳效率

做任何事情若想保證成果，都要講究原則，宣傳策略也不例外。想要提高宣傳效率，就要遵守三個關鍵原則。

### ◎(1)凸顯獨一無二的價值

獨特的價值主張（unique value proposition）就是凸顯產品的第一性或唯一性價值點。不需要很多，一個就夠用，但若缺乏獨特的價值點，廣告說得再多也沒用。人人都在宣傳自己的價值，只有音量最大的才能被消費者聽到，其他聲音往往會被蓋掉。

### ◎(2)遵循少即多原理

做廣告一定要聚焦在一個訴求點上，才會有穿透力。不聚焦、什麼都想說，就等於什麼都沒說，因為訊息量太大，最後消費者什麼也記不住。

企業打廣告時，最大的難題是不知道效果如何，或是不知道如何評估廣告成效。廣告業曾流行一句話：「我們每天投放的廣告中，至少有一半是在浪費資源，只是不曉得是哪一半。」雖然做不到完全不浪費廣告資源，但仍有提升宣傳效率的方法。

評價廣告成效的公式為：**廣告效果＝廣告時間／廣告訊息量**。根據這個公式，可以看出廣告時間與廣告訊息量成反比，也就是說，當廣告時間固定，廣告訊息量越大，廣告效果就越差。在有限時間裡宣播無限訊息量，廣告效果趨近於零。由於人的腦容量有限，因此在一定時間內宣傳的內容越少，越容易被記住。

## ◎(3) 訴求一致性與重複播放

要保持廣告內容的口徑一致，並且堅持重複，讓消費者一回生，二回熟，三回就能記住。根據統計，對於新事物，人的大腦一般要接收三次訊息，才會留下印象。如果在顧客剛注意到品牌或產品，正需要再看一次廣告加強印象時，廣告卻遭到停播或撤換，使新的畫面進入顧客的大腦，就會覆蓋之前的印象。也就是說，如果你經常更換廣告訴求，或是廣告打打停停，會讓原本做過的廣告全部付諸東流。

在印象中，農夫山泉的廣告只有兩條。早期的廣告是「農夫山泉有點甜」，讓人很心動，後來隨著人們越來越要求水質，政府也規範礦泉水的標準，於是廣告改成「我們是大自然的搬運工」，強調天然水。後期，他們根據「大自然的搬運工」進行一系列品牌操作，讓農夫山泉的老闆在二〇二〇年晉身中國首富。

看看另一個反例，某企業推出高級礦泉水「恆大冰泉」，第一條廣告是「我們搬運的不是地表水」。這讓消費者好奇：「不是地表水，是哪裡的水？」接著，恆大冰泉的第二條廣告是「來自黃金水源，深層礦泉」，消費者感到困惑：「農夫山泉的天然水源自長白山，恆大冰泉的黃全水源在哪裡呢？」

隨後，恆大冰泉發布第三條廣告「一處水源供全球」，強調它的水源在全球只此一處，但大眾還是不知道具體位置。在消費者疑惑下，恆大冰泉投放第四條廣告「天天飲用，益於健康」，然後請明星代言，投放第五條廣告「喝恆大冰泉，美麗其實很簡單」，之後又推出「飲水、泡茶、做飯，我只愛恆大冰泉」的促銷廣告。

據說，恆大冰泉一年投入八十八億廣告費，卻帶來巨大虧損。這種不聚焦、不一致、不堅持的廣告策略，讓很多企業都栽過跟頭。廣告打打停停，或是經常更換訴求，給人的感覺跟沒做過廣告一樣，最終效果很不理想。

根據評價廣告成效的公式，當廣告訊息量固定，廣告時間越久，消費者對廣告的印象就越深刻。因此我一直提醒經營者，打廣告要聚焦、堅持，不要經常更換訴求。

## 10個方法讓宣傳事半功倍

在提高宣傳效率的三個原則之下，具體上要如何讓宣傳更有效呢？我根據多年實戰經驗，結合華夏基石諮詢、迪智成諮詢公司的研究結果，總結出十種高效傳播的方法供大家參考。

### ◎(1) 訴求點要接地氣

接地氣就是用通俗易懂的語言做宣傳，讓受眾一聽就明白，而不是用一般人聽不懂的專業術語。要用受眾易於接受的方式傳達產品賣點，因為傳播學有一句話：「你說什麼並不重要，顧客接受多少才是最重要的。」

我記得小學的時候，國文老師為了鼓勵同學好好學習，經常對我們說：「書中自有黃金屋，書中自有顏如玉。」這句話聽起來很有文采，但是大多數同學根本聽不懂，無法激發我們對學習的興趣。

另外有一次，數學老師對我們說：「好好學習，書中有燒餅夾肉。」以前鄉下的孩子家裡都很窮，大多夢想著未來能離開鄉下，吃飯能加盤肉，來去自由、衣食無憂。數學老師的這句話，小學生能理解並產生共鳴，所以馬上就有學習數學的動力。

做廣告別怕俗，讓消費者聽得懂才是真理。盲目追求高雅卻無法帶動銷量的做法，全都是枉然。

### ◎ (2) 先訴求理性，再訴求感性

在傳播學裡，訴求大致分為兩種形式。一種是理性訴求，或稱作功能訴求，就是清楚說明產品的屬性、功能和價值，讓消費者知道這是什麼產品、有什麼價值、能幫他解決什麼問題。另一種是感性訴求，就是從情感的角度出發，與顧客產生共鳴，從而激發購買欲望。

理性訴求和感性訴求有先後順序，應該先透過理性訴求讓顧客了解產品，再透過

感性訴求激發購買欲，因為當顧客不了解商品時，你很難激發他的購買欲望。以王老吉的廣告為例，早期是從做理性角度主打「怕上火，喝王老吉」，讓消費者知道王老吉是降火氣的飲料，等到大眾慢慢知道這款飲料後，在春節投放感性廣告：「吉慶時分，喝王老吉；喝王老吉，過吉祥年」，這個轉變就非常順暢。如果沒有前面的理性訴求，許多人根本不知道王老吉是飲料，還是降火氣的藥。

## ◎(3)結合空中和地面

做廣告一定要結合空中媒體和地面推廣，空中媒體是指電視、網路、社交等，地面推廣是指實體促銷、通路鋪貨、通路推廣、社團互動等。

一般的廣告策略是以空中廣告為點，地面廣告為面。空中廣告是集雲，地面推廣是下雨，實體促銷是接水，如果單純只投放廣告，沒有促銷活動，消費者還是不會購買商品，因此三者必須形成連動。

以前山東有一家酒商，曾經是央視的廣告王，據說廣告費相當於每天送出一輛賓士車。雖然電視廣告打得漫天飛，但顧客在實體通路找不到產品，最後這家酒商竟然因為廣告燒錢，而把自己燒死。它的失敗就在於線上與線下沒有連動。

### ◎(4)結合創新和品質

做廣告要三分奇、七分正。奇是指創新，在戰術上要透過創新出奇制勝；正是指品質，產品必須做得好，若都是不實在的東西，會被消費者認定為欺騙。不要以為騙得過消費者，如果消費者購買後的使用體驗不好，會直接用腳投票，看到你的產品就繞道而行。

### ◎(5)結合虛和實

宣傳時得三分虛、七分實。其中實是基礎，虛是借力。企業的資源有限，不可能做到一〇〇%的實，因此在行銷戰術上需要結合虛實。要特別強調的是，虛的意義並非作假欺騙消費者，重點是核心要素一定要做實，並凸顯出來。同理，在重點通路和利基市場的宣傳必須做實，非重點的地方可以借力做虛。

## ◎(6)結合點和面

企業的資源有限，點面結合才能有效分配資源。集中資源在重點通路和市場投放媒體資源，最大的好處是能透過局部帶動整個區域。我在提供諮詢時也會建議企業，做推廣活動要採用局部代替整體的模式，把資源集中在重點區域。

比如說，把資源集中在一個城市的中央商務圈，集中投放廣告，提升關注度，藉此帶動整個城市。過去經常打造樣板市場（注：企業在招商時，提供加盟者參考並模仿的營運模式）、示範店等，邀請客戶參觀，就是一種成功的點面結合模式。

## ◎(7)結合長期和短期

廣告投放的長期效應和短期效應該結合在一起，短期來說見利見效，又能促進市場的長期發展。具體而言，建立品牌概念帶來的是長期效應，因為需要較長的培育過程。促銷活動帶來的是短期效應，活動當下就能獲得巨大銷量、收割利潤。

實務上，要不定期推出促銷來提升市場熱度，同時兼顧長期的品牌投入，提升品牌價值，讓品牌發揮長期效應。

### ◎(8) 結合推力和拉力

行銷策略必須同時兼顧推力和拉力，推力側重通路，透過在通路舉辦促銷，把產品推向消費者。拉力側重消費者，透過廣告等行銷工具建立品牌知名度，發揮拉力作用。通路推力和消費者拉力相互作用，最後形成合力。一般採取先推後拉，就是先刺激通路產生推力，再刺激消費者產生拉力。

### ◎(9) 結合淡季和旺季

很多企業選擇在銷售旺季打廣告，在銷售淡季不宣傳。淡季停播廣告的目的是省錢，但是這種做一段、停一段的廣告策略，不但省不了錢，反而浪費資源。

廣告傳播和燒開水一樣需要過程，不能看到水快燒開了就不加柴，以為靠鍋子的餘溫就足夠。其實，當你抽掉柴火，鍋子和水的溫度會同時下降，等到你發現需要加柴，又要重新開始加熱，這不但需要時間，還得投入更多資源。結果，等到你完成加熱，說不定銷售旺季早就過了。

我建議，在銷售淡季可以減少廣告投入，但要維持一定的市場熱度，避免消費者忘記品牌，等到銷售旺季再提高投入，提升市場熱度、衝高銷量。

## ◎⑽貼近消費者的互動推廣

在資訊化時代，誰越接近使用者，就越懂使用者，也越能贏得使用者的心。再加上市場進入消費者主權時代，消費者的品牌意識提高，導致通路對交易的掌控權越來越弱。這些都讓貼近使用者的互動推廣，變得越來越重要。

過去的推廣只停留在通路層面，活動都是表演給經銷商看，都是以招商為目的。現在各行各業都明白，以消費者為中心的產品體驗才是王道，於是紛紛將推廣重心放到使用者層面，例如：小米的米粉會、江小白的粉絲品酒會、貝因美奶粉的媽咪秀和媽咪音樂會，都是貼近使用者的互動推廣。

## 04 築起技術、通路、人才等壁壘，建立「優勢」地位

建立市場壁壘（barriers to entry，又譯作進入壁壘），可以鞏固自己的行業地位，避免被對手超前。在經濟快速發展時期，各種市場機制還不完善，很多企業不願意開發原創技術，因為這耗時費力，還得靠一點運氣才能成功，所以寧願模仿對手的產品。

比方說，河北曾有一家企業，推出一款產品叫做「六個核桃」，成為熱銷商品後，市場上竟然出現另一款「七個核桃」。因此，原創產品在上市之前，就要考慮如何建立壁壘，鞏固自己的地位。

在實戰中，我用來建設壁壘的方法有以下幾種。

## 技術壁壘

目前國際上最常用來建立市場壁壘的方式，就是技術壁壘。企業開發出原創技術，並申請技術專利保護，在一定程度上能防止對手故意模仿。若對手想要借用技術，可以支付原創者專利使用費，讓原創者獲得應有的回報。

## 通路壁壘

有些行業對通路的依賴度較高，例如白酒、農用物資等。當企業與通路結成策略聯盟，形成事業與命運的共同體，就能透過不斷深化合作關係，形成市場上的銅牆鐵壁，讓對手更難進入某個市場，或更難在某個市場立足。

舉例來說，食品飲料商娃哈哈透過聯營體（又稱作聯銷體，即生產商和經銷商建構的策略合作模式）建立通路壁壘，保證企業的持續發展。娃哈哈的核心市場經銷商，實力都很強，娃哈哈也給他們很大的支持，幫助他們同步成長，因此娃哈哈的經銷商忠誠度都很高，競爭對手很難來挖牆腳。

## 地域壁壘

有些特殊行業可以用地理區域的優勢建立壁壘，這種優勢往往比較難複製，尤其是自然條件形成的特定資源，例如港口行業就有明顯的地域壁壘，上海港、深圳港、天津港等世界級港口必須依附大海，內陸地區無法複製這些自然資源。

又例如，茅台酒之所以成為國酒，核心關鍵不是釀酒配方，而是水質和發酵環境。曾經有人嘗試把茅台鎮的水拉到別的地方釀酒，最終成品的味道卻不一樣。由此可知，茅台酒最不可取代的成功要素是發酵環境。茅台鎮地處貴州盆地，四面環山，一年四季溫度穩定，在這種環境下發酵的酒品質濃香。其他地區無法複製盆地地貌，因此也無法複製茅台酒的品質。

## 政策壁壘

有些行業的發展依靠國家特殊政策，例如：金融、生物製藥、危險品等行業，必須獲得國家許可才能經營，因此擁有政策壁壘。

有一次，我去中化製藥做調查，工作人員表示，過去高危險化工產品都是由國家壟斷經營，民營企業沒有跨足的機會。在這種政策壁壘下，承擔該專案經營的中化製藥，就掌握產業鏈的主動權。

## 關係壁壘

若企業具備稀有的人脈資源，也能形成優勢、建立壁壘，例如：特定的社會關係、通路關係、產業上下游關係等。有些企業在產業鏈建立起穩固的人脈，相較其他企業擁有更多優勢，比如說，緊密的關係能提高產業鏈協同效應，從而降低成本，讓產品更具成本優勢。

## 人才壁壘

進入科技時代，企業越來越重視人才競爭，擁有優秀的儲備人才，可以建立人才壁壘，例如：巴菲特之於波克夏．海瑟威控股公司；比爾．蓋茲之於微軟。

我們追蹤研究很多企業，發現有一個規律，就是一旦創辦人退出或退休，企業就面臨生死考驗，因為創辦人經常是企業的核心競爭力。以賈伯斯來說，當他退出蘋果時，公司經營陷入混亂，最後他復出才拯救了蘋果。

## 熱賣攻略 2

▼在集中度較低、尚無強勢品牌的行業，可以採用「搶」占消費者認知、「拆」出細分品類、建「立」新品類的品牌定位策略。

▼在集中度較高、已有強勢品牌的行業，可透過「升級」、「反差」的方式，建立品牌定位。

▼透過凸顯特色和優點、見證效果等方式，讓顧客直接看到產品賣點，最能有效打動顧客。

▼在顧客關切的事、產品賣點，以及社會熱門話題之間找出交集，就能制定令人心動的廣告訴求點。

▼擁有技術、通路、地域、政策、關係、人才這六方面的市場壁壘，就能鞏固自己的行業地位，避免被競爭者超前。

# 第3課

# 增強產品價值感，市場需求多變也能賣光光

# 01 如何運用「魅力化」模型，使消費者從心動到行動？

當你把爆品做出來，投放到市場後，發現銷量平平，可能會覺得很沮喪，甚至懷疑我的方法沒有用。別著急，這種情況非常正常。做爆品的路途總是崎嶇不平，跌倒並不可怕，當失敗來臨時，只要有應對方法，還是能讓產品擁有打動顧客的魅力。

如何讓顧客愛上你的產品呢？接下來，我要講解爆品的整體魅力化設計。

## 從3種理論思考顧客需求，優化產品

首先，我們要認識三個重要的基礎理論：馬斯洛需求層次理論、產品三層次模型，以及KANO理論。這三個理論之間有一定的關係。

## ◎馬斯洛需求層次理論

美國心理學家馬斯洛（Abraham Maslow）將人類的需求分為五個層次，從低到高分別是生理需求、安全需求、社交需求、尊重需求和自我實現需求。生理需求和安全需求都是基礎的生存條件，後三者更側重精神層面的追求。

最底層的生理需求包括吃、住、睡眠等，用以保證生命體的延續。上升一階的安全需求追求穩定和秩序，滿足有吃、有喝且相對安全的需求後，就上升到社交需求，也就是進入情感層面，追求愛情、友情、親情等各種社會交往關係。接著再上升到被認可的需求，獲得他人的尊重。最後發展到最高層次的自我實現需求，追求夢想和人生的崇高理想。

## ◎產品三層次模型

產品三層次模型將產品區分為核心產品（即核心功能）、有形產品（即外觀設計、規模、配備等）、引申產品（即售後服務）。為產品做魅力化設計時，也是根據這三個層次執行。每一個層次都要確保沒有重大缺陷，因為產品的三個層次之間不是簡單的加減關係，而是「3－1＝0」，即使其他兩方面都做得很完美，只要有一個方面不夠好，對顧客造成傷害，顧客就會直接否定整個產品，不會因為做得完美的方面，而包容做不好的那一面。

## ◎KANO理論

KANO理論由日本管理大師狩野教授（Noriaki Kano）提出，他認為使用者的需求有先後順序，分為基本需求、期望需求及興奮需求。只有先滿足基本需求，才會有後面的期望需求和興奮需求。其實，狩野教授提出的這個次序模型，與馬斯洛需求層次理論有近似之處，只是看問題的角度不同而已。

把這三個理論結合在一起，能有效找出爆品魅力化設計的著手點，如圖3-1所示，也就是在馬斯洛需求層次理論的基礎上，借鑑KANO理論來優化整體產品。KANO理論指導我們先滿足使用者的基本需求，就是做好核心產品，在此基礎上再滿足期望需求，最後才是滿足興奮需求。基本需求是「1」，其他需求都是後面的

「0」。基本需求是針對顧客痛點，期望需求是針對顧客癢點，興奮需求則是針對顧客興奮點。

舉例來說，經常出差的商務人士，往往會無意識地按照KANO理論，選擇下榻的飯店。首先，考慮飯店是否乾淨、床是否舒服，這兩點是對飯店的基本需求。如果飯店裡面亂七八糟，即使其他條件再好，也不一定會住。乾淨環境和舒適的床是飯店業的核心產品，所以漢庭酒店提出「愛乾淨，住漢庭」的廣告標語，藉此贏得商務人士的心。

接著，考慮飯店內提供的牙刷、拖鞋是否好用。有些飯店的一次性拖鞋做

**圖3-1 結合3種理論優化產品**

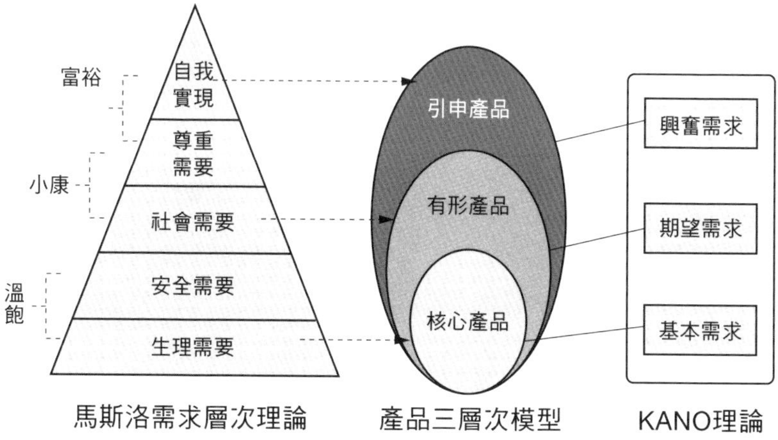

富裕
自我實現
尊重需要
小康
社會需要
安全需要
溫飽
生理需要
引申產品
有形產品
核心產品
興奮需求
期望需求
基本需求
馬斯洛需求層次理論
產品三層次模型
KANO理論

得很差，鞋底薄得像一張紙。拖鞋是期望需求，如果能做得好一點，顧客的滿意度會大大提高。期望需求是加分項目，多多益善。

最後，興奮需求是讓顧客意想不到的附加價值。我有一次在冬天去杭州出差，由於航班延誤，大半夜才抵達飯店。那時我又冷又餓，辦完入住手續後，一打開房門就發現桌上準備了宵夜，頓時冰冷的心被溫暖，讓我留下深刻印象。

經常出差的商務人士往往沒有辦法過節，除了農曆春節會記得回家，其他節日很少放在心上，但是飯店會幫我們記住。例如，中秋節的時候，有些飯店會在房間裡放點心水果，再加上一句溫馨的祝福語。這些細節看起來很簡單，卻能給人感動，留下回憶，滿足顧客的興奮需求。

我再次提醒讀者，千萬不要在基本需求尚未滿足的前提下，一味去追求期望需求和興奮需求。

## 從4個角度提升產品的吸睛力

基於三大理論，我們從四個角度來進行爆品的魅力升級，包括：產品情懷、產品功能、交互體驗、產品壁壘。這四個角度構成爆品魅力化模型（如圖3-2所示），接下來一一拆解說明。

## ◎產品情懷：15秒內引起共鳴

產品情懷必須讓使用者產生共情與共鳴。人的感性思維比理性思維還要敏捷三千倍，顧客是否喜歡一個產品，會先憑直覺判斷，再靠理性決定。所以說，第一印象很重要，最好在十五秒之內讓消費者產生共鳴，引發心理認同感。如果產品情懷不能快速引發認同感，第一步就失敗了。十五秒之後，顧客的心理預期將會提高。

圖3-2 爆品魅力化模型

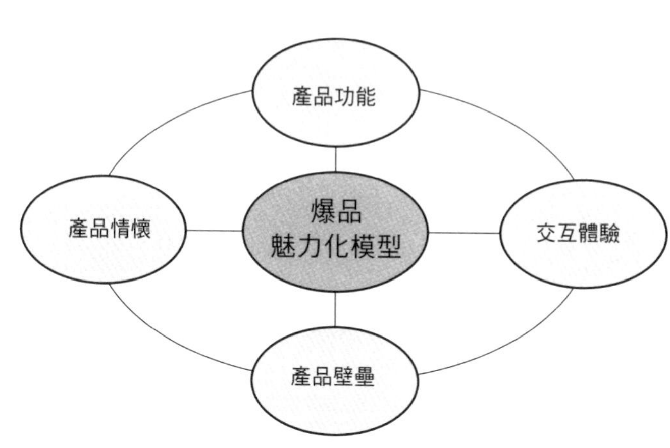

產品情懷受各種因素影響，例如應用情境。設計產品不能脫離情境，依照應用情境來設定產品情懷時，必須給使用者足夠的想像空間。比如說，有一款零食叫棗夾核桃，企業提出的產品情懷是「棗想核你在一起」，並選在情人節情境做推廣。

在不同情境下為產品賦予不同的產品情懷，更容易使顧客產生共鳴。除了情境，產品情懷還包括產品概念、品牌名稱、商標、廣告語、卡通人物、品牌故事、產品包裝、創意呈現等因素。

## ◎產品功能：越方便越受歡迎

產品功能一定要方便和實用。設定產品功能時，要考慮產品的應用情境和消費者的使用習慣，因為產品只有放在特定情境下，才有存在的意義和價值，例如，米粒在碗裡是白飯，在衣服上就是髒東西。

產品功能包括兩個要素：入口功能和核心功能。入口功能是解決使用者的興奮點。只有入口功能令人舒服，使用者才會想用核心功能。核心功能可以解決使用者痛點，讓使用者黏著度在長期應用下提升。

①入口功能設計——

入口功能的設計原則是極簡、方便、快捷。入口功能越簡單、越方便，使用者體驗就越好。拿手機來說，以前的手機解鎖很麻煩，需要輸入數字組成的密碼。蘋果公司發現這個痛點，設計出指紋解鎖功能，既方便又安全。

同樣地，過去開車時，都要用機械鑰匙打開車門，再用鑰匙發動引擎，駕駛者必須經常佩戴鑰匙，萬一弄丟了會很麻煩。現在很多汽車都配備指紋解鎖和發動功能，相當便利。

②核心功能設計——

核心功能設計的成功關鍵，是找到讓使用者產生依賴的興奮點。一旦產生依賴，使用者就不會輕易放棄產品或轉移陣地。

在實務上，設計核心功能的步驟如下。首先，找到目標使用者，研究他們的主要應用情境，如工作、生活、學習、娛樂等，並從中挖掘一級痛點。然後，研究一級痛點可能引發的高頻率剛需，並反覆驗證剛需的真實性。最後，根據確定的剛需設計人性化解決方案，把解決方案轉化為產品核心功能。

在實務過程中，還要注意以下幾個關鍵細節。核心功能不能試圖改變使用者的習慣。任何產品一旦脫離應用情境，或違背使用習慣，都可能導致失敗。產品核心功能一定要從一級痛點、應用情境和使用習慣出發，這是思考產品功能的原點。

不同產品有各自匹配的使用方式和情境。舉例來說，西餐速食文化強調快速，麥當勞曾提出六十秒取餐服務，如果六十秒內拿不到餐點就有優惠。其實，這種速食文化與西方社會快節奏的生活方式有很大關係。東方的品茶文化則講究儀式感，要按照茶道工序，不急不徐地喝茶。這就是東西方飲食文化對應的情境和習慣。如果在東方喝茶卻追求快速的大口牛飲，就會顯得沒文化。

核心功能的設計不能完全仰賴傳統研究方法，更不能依賴理論假設，而是要打開思路，讓使用者全程參與，共同創造讓消費者難以忘懷的體驗。然後根據體驗回饋，回推激發興奮點的功能，最後將其轉化為產品核心功能。

## ◎交互體驗：展現產品的樂趣

交互體驗的重點是展現樂趣和社交屬性。樂趣帶來網路口碑效應，只有體驗樂趣，用有趣的互動帶出意外驚喜，才能黏住使用者。交互體驗包括三個要素，就是社交性、娛樂性、細節的貼心性。

### ①社交性——

交互體驗的設計一定要有「社交功能」，才能連結顧客。社交功能最好能疊加在核心功能之上，既有社交性又有核心價值。比方說，支付寶的核心功能是支付，但是單純的支付功能缺乏社交性，導致支付寶的使用頻率不高。

若在核心功能上找不到高頻率應用點，可以設計一個副功能來加強顧客互動。舉例來說，微信支付開發紅包功能，透過搶紅包建立的社交性，成功提升使用者黏著度，也讓微信紅包成為微信早期支付流量的主要入口。

我們平時在地上看到五塊錢，可能懶得彎腰去撿，但是在微信上搶紅包，搶到一塊錢就會高興半天，這就是社交性的價值。人們在微信上搶紅包，在乎的不是錢有多少，而是點開紅包一剎那的爽感。

②娛樂性——

交互體驗的娛樂性就是找到使用者的興奮點。娛樂性是黏著劑，能讓使用者產生高黏著度。開發產品時，設計有趣好玩的「高頻率互動點」，才能提升老顧客的黏著度。舉例來說，開會時，桌上的礦泉水瓶很容易混在一起，不知道哪一瓶水才是自己的。有個商家就設計出簽名瓶，讓人可以在瓶標上寫名字。

如何找到使用者的興奮點呢？以下分享兩種技巧。

**一是體驗洞察**。一般是先從同類產品或近似產品中挖掘，找出哪些功能會讓顧客產生依賴，通常表現為：使用時會感到興奮，離開時會感到痛苦。香煙、遊戲、酒精等產品，都具備這種特徵。

**二是假設驗證**。若無法直接從同類產品中找到答案，可以用假設驗證的方式，摸索是哪一個功能激發顧客的興奮點。

③細節的貼心性——

在使用者體驗的過程中，找出一個能打動使用者的細節，我稱之為顧客感動點。

這個感動點一定要起到雪中送炭的作用，而不是錦上添花。好的感動點能讓顧客記一輩子，例如，飯店接待員在寒冷的冬天送上一杯熱茶，就足以令人感動。

有一次我帶朋友去餐廳吃飯，這家店為了讓筷子看起來更有質感，在筷子表面覆蓋一層銀色的金屬片。用餐時，砂鍋上放了一雙公筷，因為金屬導熱很快，筷子一下子就變燙。當時大家都顧著吃飯，誰也沒留意這個細節，我朋友伸手去拿砂鍋上的公筷，結果手被燙出一個水泡，本來美好的心情馬上變得一塌糊塗。雖然這只是小細節，但從此以後，我們再也沒有去過那家店。

又有一次，我在一家深圳的餐廳，注意到一個貼心細節。吃飯時，很多人習慣把筷子放在盤子上，但筷子經常滑落下來。餐廳發現這個顧客痛點，在盤子上設計一個缺口，讓筷子架在上面不會滾下來，如一三三頁圖3-3所示。這個細節很人性化，讓我對這家餐廳印象深刻。

## ◎產品壁壘：難以模仿的設計

將產品投放到市場之前，一定要想好如何建立壁壘，防止自己辛辛苦苦開發的原創商品，最後變成為人作嫁。一個產品爆紅後，很快就會有人模仿，帶動一窩同類產品。建立壁壘的目的是讓對手無法模仿或複製，或著模仿的成本大幅高過自己。

根據前文提過的建立壁壘方法，我再結合產品設計，補充一部分。

### ①技術壁壘——

技術壁壘是最基本的排他手段，包括商標保護、外觀專利、應用技術專利、智慧財產權等。前文已有分析，這裡不過多闡述。

圖3-3 餐廳的貼心細節

一般的盤子

貼心的盤子

②品牌壁壘——

品牌壁壘也可以理解成企業的商譽。巴菲特認為商譽（即品牌價值）是企業最重要的無形資產，一旦建立起來，會在消費者認知中形成無形的品牌壁壘。品牌價值不計入財務帳面資產，卻能為公司大幅提高產品溢價和使用者黏著度，這就是品牌壁壘的重要性。

③成本壁壘——

關於成本壁壘，我要強調，低成本不一定是便宜，便宜的產品也不一定有成本優勢。所謂的成本壁壘，是你的成本比對手低，但不是藉由壓縮利潤，而是透過提升管理效率或生產規模來達成。

低成本包括兩個方面，一種是單位成本比對手更低，也就是你的同類產品造價低於對手；另一種是邊際成本最低化，也就是隨著生產規模增加，單位邊際成本變得越來越低。

④資源壁壘——

你獨占產品所用的某種原料或材料，或是你的原料在同等價格下，比對手的品質更好，或是你的原料在同等品質下，比對手的成本更低。資源壁壘不僅限於原料資源，還包括各種社會資源。

## 魅力化設計的5大原則

根據上述的爆品魅力化設計法，我總結出爆品魅力化設計的五大原則。

- 情感元素情緒化：能快速激發情緒，引發情感共鳴。
- 有形產品標準化：把有形產品盡可能做到標準化，之後就能快速複製，形成規模效應。
- 功能應用極簡化：產品越簡單，越容易操作。
- 互動元素娛樂化：互動元素一定要有趣，才能提升使用者黏著度。

- 體驗元素情境化：前文一再強調情境的重要性，很多時候體驗滿意度是受到情境氛圍影響。

古人作詩、吟詞，通常是觸景生情帶來創作靈感，少有事先準備。其實，這就是情境氛圍帶來的情緒反應。好比同樣一杯咖啡，當你坐在星巴克裡面喝，會感覺心情很平靜。星巴克提出第三空間的概念，既不同於家裡，也有別於辦公室，是一個安放心靈的地方。如果你蹲在馬路邊喝咖啡，會是什麼感覺？嘈雜的馬路恐怕只會讓情緒更煩躁。所以我再三強調，體驗元素的設計一定要結合情境。

# 02 上市前必做！通過5項「測試」，顧客滿意度就Up Up

產品設計完成後，為了確保能被顧客接受，進而在市場上大賣，產品力測試是正式上市前非常重要的環節，有助於提前暴露產品的潛在缺陷。具體上，有以下五項測試。

## 認知度測試：「你覺得這個產品哪裡好？」

認知度測試就是測試產品的概念，是否符合顧客對產品的認知。若無法通過認知度測試，說明產品的銷售策略有問題，可能一上市就得面臨下架。認知度測試可以透過三個步驟來進行。

◎**步驟1：測試顧客認知**

問顧客幾個問題：「這個產品是什麼？會帶給你什麼好處？能幫你解決什麼問題？」接著不做任何解釋，觀察顧客最真實、無掩飾的回應和潛意識動作。等顧客回答完，可以視需要稍作解釋，再觀察顧客的回饋。最後，比較第一次與第二次的回饋資訊是否存在偏差。

◎**步驟2：確認意見**

對顧客的回答進行確認，目的在於釐清顧客回饋是否發自內心，並且立場堅定。你可以反問對方：「真的這麼認為嗎？」看他的回答是不是確定。

◎**步驟3：挖掘意見背後的原因**

如果顧客回饋是肯定的，要繼續追問意見背後的原因，例如：「你為什麼這麼認為？」一定要找到意見背後的依據，若找不到，一般都是不可靠的意見。

產品是否通過認知測試，並沒有客觀的指標。根據經驗，八〇%和五〇%是認知測試的兩個臨界點。如果八〇%的人接受產品概念，基本上可以上市；如果五〇%以上的人不接受產品概念，就不能上市。

特別提醒一點，在測試過程中，一定要用產品實物做測試，而不是拿假設性問題或假想產品做測試，因為那與真實產品不一樣，會影響受試者的感受。

試想，假設要測試女性願不願意把直髮造型換成捲髮，如果只告訴她：「你換成捲髮可能會更好看」，她很可能不會接受，因為她無法想像，會擔心萬一不好看怎麼辦。此時，如果給她看捲髮女性的照片，或找捲髮的人站在面前，問她：「這種捲髮怎麼樣？」她就會表達感受，例如說：「太美了！」說明她對捲髮感興趣。

## 認可度測試：「你會不會花錢買？」

認可度測試的關鍵是看顧客會不會掏錢買單。即使顧客在認知度測試中，表示一〇〇%接受產品概念，但不會花錢購買，那麼這樣的回答便沒有意義。認可度測試就是購買意願測試，最能看出顧客是不是真的喜歡產品。具體上有三個步驟。

### ◎步驟1：願不願意掏錢

不要光聽顧客說什麼，要看顧客做什麼。願意付錢的才是真愛，所以認可度測試需要有真實交易，而非停在嘴巴上說說而已。真實交易是測試認可度最重要的環節，不能只做假想交易。要把參與測試者當成真正的顧客，若對方回答願意掏錢，就把產品賣給他。

### ◎步驟2：挖掘購買背後的原因

如果受試者願意購買，要追問原因，找出購買背後的驅動因素，或打動顧客的價值點，以作為提煉產品賣點的依據。在實務上，我會讓受試者提出關於該產品的三個滿意之處，以及三個不滿意之處。若受試者能說出滿意的地方，代表產品通過認可；若能說出不滿意的地方，代表產品還有可優化的空間。

## ◎步驟3：挖掘不買的抗拒點

如果受試者不願意購買，要找出阻止他購買的抗拒點，以便在未來針對這一點優化產品。找到顧客抗拒點以後，要提出解決問題的假設措施，例如：「在什麼條件下你會願意購買？」這個假設就是顧客的心動點。

通過認可度測試的指標是三〇%，若有三〇%的人願意付款，說明這個產品可以上市。換句話說，當目標消費者達到三〇%的轉化率，代表這個產品符合市場需求。

## 顧客忠誠度測試：「會不會推薦給朋友？」

忠誠度測試反映消費者的回購情況，通常忠誠度越高，後期的回購率越高。回購率是反映顧客忠誠度的重要指標，忠誠度能帶出口碑效應，因為顧客會推薦周圍的人購買。可以詢問受試者：「您是否願意推薦給身邊的人？為什麼會推薦？」而且要詢問具體推薦對象，他們是未來關聯性銷售的目標顧客。

如果受試者不願意推薦，要問他們不想推薦的原因，以便將來優化產品。由於推薦者需要承擔個人信譽風險，如果顧客不願意推薦，就說明產品存在缺陷。可以詢問顧客在什麼條件下願意推薦，或假設一些願意推薦的條件，來解決抗拒推薦的問題。

若受試者本人的回購意願在二〇%以上，或向他人推薦的意願超過一〇%，說明產品力相對較強。若有二〇%的使用者主動回購，說明有顧客忠誠度。

## 產品價格測試：「多少錢你會買？」

在認可度和忠誠度測試環節，有一個隱藏的測試變數，就是價格。這個變數非常重要，因此要單獨拿出來分析。

根據過往經驗，我們會測試三種價格，分別為消費者的心理合理價、心理最高價和心理最低價。心理合理價是指顧客認為的正常市場價格；心理最高價是指購買的上限，也就是超過心理合理價多少錢，就會放棄購買；心理最低價是指低於多少錢，就會放棄購買。

由此可知，消費者對商品的定價抱有預期，不一定是越便宜越好。如果售價低於消費者的心理最低價，他們可能會認為產品有問題。尤其是關乎身體健康的食品、藥品、用品等，如果價格過低，顧客就可能拒絕購買。因此，最好要透過測試，找出買賣雙方可以達成共識的價格。

## 產品壁壘測試：4種測試角度

### ◎產品可替代性或可複製性

越容易複製或模仿的產品（例如：食品、服裝），產品壁壘就越低，阻擋對手的力量越弱，產品溢價能力越弱。相反地，則壁壘越高，溢價能力越強。

### ◎競爭對手替代成本

競爭對手在模仿自己時，要花多少成本？如果競爭對手的模仿成本，遠遠高於自己本身的成本，說明對方造成的威脅比較低，因為沒有成本優勢。

### ◎顧客轉換成本

如果顧客很容易被競爭對手拉走，而且轉換的財務成本和時間成本都很低，說明產品很容易被替代，產品壁壘不高。比如說，銀行儲戶要結清存款，轉到另一家銀行戶頭時，必須親自到分行去銷戶，並填寫各種表格。很多人覺得手續太麻煩，而且銀行業的產品差異化很低，於是放棄轉戶。可見，銀行儲戶大多不會轉戶，不是因為滿意度高，而是顧客轉換成本太高。

### ◎產品差異化

如果商品都差不多，顧客選擇哪家的商品都一樣，就很可能會隨意選一個。產品差異化越大，產品壁壘越高；產品同質化越高，則壁壘越低。

## 3個常用的產品力測試方法

以上是產品力測試的內容，接下來談談如何有效執行，有三種常用方法。

### ◎領先使用者測試法

了解粉絲的真實想法，或是讓他們參與產品體驗。觀察使用者在體驗過程中的潛意識動作、情緒反應，記錄關鍵的細節以供後續分析。隨後，要針對特殊的反應挖掘背後原因。

### ◎模擬場景測試法

根據產品的真實應用情境，建立一個模擬場景，讓消費者在其中體驗產品。我以前做的模擬場景，是玻璃隔間的封閉空間，從裡面看不到外面，但外面的觀察員可以看到裡面的受試者，並觀察受試者在自然狀態下的每一個反應。

### ◎真實場景測試法

在正常場景中觀察消費者的體驗過程，比如說，去餐廳看客人的點菜習慣、用餐習慣。進行真實場景測試時，不用刻意做調查，而是要留心消費者在自然狀態下的消費行為，以及體驗產品時做出的慣性反應和特殊反應。

## 上市後別忘了「顧客滿意度調查」

產品上市一段時間後，要做顧客滿意度調查，尤其是服務業。透過滿意度調查，可以挖掘產品存在的瑕疵，提前為優化升級做準備。在說明方法之前，我們先要認識影響顧客滿意度的因素有哪些。

### ◎影響顧客滿意度的核心因素

根據經驗，影響顧客滿意度的核心因素有三個。

**期望值：**顧客購買一項商品時，內心會對它產生價值預期，這稱為期望值。不同的人會有不同程度的期望值。

**價值感：**即顧客體驗產品後，產品帶來的價值感受。顧客購買的不是商品本身的價值，而是價值感。顧客感受到的價值感越強，滿意度就會越高。

**比較錨：**顧客購買商品時，往往會與同類商品做比較，並在比較過程中得到價值感，這種行為會影響顧客滿意度。

顧客滿意度、期望值、價值感、比較錨這四者之間互有關係，如圖3-4所示。從圖中可以看出，顧客滿意度與期望值成反比，也就是期望值越高，滿意度越低，因為會有心理落差。俗話說：「期望越高，失望越大」，就是這個道理。由於人的欲望是無止境的，所以期望值往往會高於真實價值感。

對於小診所與醫學中心的患者來說，治好同一種疾病的滿意度會不一樣。我負責醫藥諮詢專案時，發現鄉下小診所掛著很多感謝狀，表揚某某醫生醫術高明，但在醫學中心卻很少見。難道醫學中心的醫

圖3-4 影響顧客滿意度核心要素

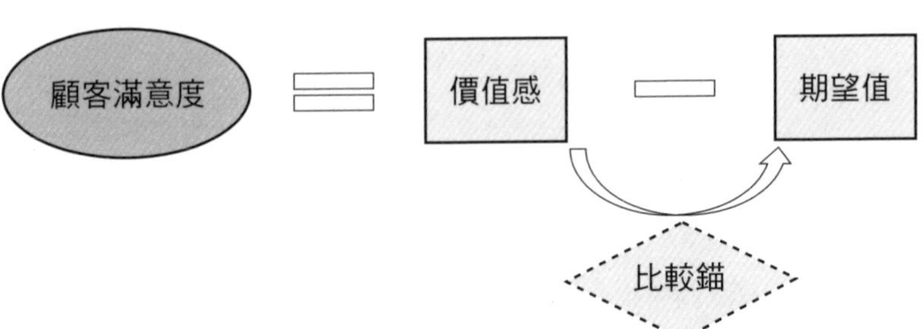

療水準，還不及小診所嗎？為什麼沒有人送上感謝狀呢？這是因為患者對醫學中心與小診所的期望值不一樣。

患者對醫學中心的期待比較高，認為醫學中心治好疾病是理所當然的，如果沒有治好，心理落差會很大。相反地，對小診所的期待比較低，如果治好了，滿意度自然會很高。醫學中心與小診所治好同樣的疾病，患者的滿意度卻不一樣，其實就是受到期望值影響。

顧客滿意度與比較錨也是成反比，比較錨越高，顧客滿意度就越低。有些企業實行薪資保密制度，不允許員工互相打聽薪資，就是為了消除比較錨。舉例來說，小張從別的公司跳槽過來，薪水與原單位相比之下高了幾千元，他覺得相當滿意。工作一段時間後，小張和別的同事混熟了，發現同職位的同事雖然能力不如他，但工資高出八千元，他馬上變得心理不平衡。

最後，顧客滿意度與價值感成正比，價值感越強，顧客滿意度越高。舉例來說，讓顧客好好休息是飯店的價值，但顧客對五星級飯店的價值感會更高。只要五星級飯店有一點小細節沒做好，影響顧客感受，滿意度就會下降。

所以說，顧客滿意度受期望值、價值感、比較錨的影響。掌握這個邏輯，你就知道如何提升顧客滿意度。

## ◎如何提升顧客滿意度？

一是管理顧客的預期。預期越高，心理落差就越大，適度降低顧客預期，可以提升顧客滿意度。

二是利用比較錨。在顧客比較同類商品時，盡可能挑選比自已差的對手來墊背，也可以提升顧客滿意度。

傻子瓜子的老闆年廣九發現，別人賣瓜子都是一次在秤盤上放很多瓜子，然後再逐漸減少。由於比較錨的作用，顧客的感覺是瓜子越來越少。於是他反向操作，在秤瓜子時先抓一小把，不夠時再反覆添加，秤好以後再送一小把，讓顧客感覺瓜子越來越多，滿意度也大幅提升。

三是在體驗結尾提升價值感。心理學研究發現，只要體驗結尾的滿意度高，就會拉高整體體驗的滿意度。所以，結尾不是結束，而是下次服務的開始。

有一年冬天我去南京出差，在高鐵站附近的羊肉湯館，點了一碗老闆娘推薦的招牌羊肉湯。快要喝完時，我發現碗底有一隻青蟲，老闆娘說：「可能是香菜裡面的。」不管這隻青蟲來自哪裡，這件事情都讓我留下陰影，從此不再喜歡羊肉湯。果不其然，一年後再路過那裡，那家羊肉湯館已改名了。

其實，顧客滿意度是個人主觀感受，沒有統一的衡量標準，因為面對同一種商品，每個人會有不同的價值認知，於是產生不同的滿意度。比方說，在餐廳吃飯時，對於同一道香辣料理，喜歡吃辣的人很滿意，不喜歡吃辣的人覺得不好吃。所以，顧客滿意度的真正來源不一定是產品本身，而是顧客獲得的價值感。

## 03 從5個方向「優化」產品，讓你賣得比對手貴還更熱銷

對產品進行一系列測試之後，要針對發現的問題做優化升級。即使當下沒發現問題，隨著市場變化也需要持續精進，具體方法如下。

### (1) 瞄準需求的變化

市場需求是動態的，會隨著外部環境變化而改變，如果行業和品類都走在錯誤的道路上，就會越努力卻距離目標越遠。因此，企業要及時把握需求的變化方向，滿足情感共鳴與實用價值的雙重需求，為產品賦予魔力。

## ◎(2)解決高頻率痛點

產品精進需要聚焦痛點，找到顧客仍未化解的問題，而不是不分輕重緩急，鬍子眉毛一把抓。商機來自於生活、工作、娛樂、學習等場景中的高頻率痛點，做產品優化時，只需要針對高頻率痛點做到極致，至於非高頻率的應用功能，只要避免出現低級錯誤或致命缺陷即可。

此外，不要為偶發的痛點浪費時間、精力及財力。高頻率痛點才能提升使用者黏著度，偶發性痛點可能出於個人因素，不代表大眾感受。人的個性各不相同，所以需求是多元的。一〇〇%的顧客滿意度只是理想狀態，在現實中無法實現，你只要消除高頻率痛點，就足以俘獲顧客的心。

## ◎(3)走進真實應用情境

要貼近使用者的應用情境，洞察使用者的體驗感受。令使用者不痛快和引發抱怨的地方，就是產品精進的切入點。也就是說，你發現的問題一定是使用者覺得需要改進的地方，而不是你自己認為需要改進的地方。不要受制於自我感覺良好或自我挑剔，只站在自己的角度看產品，沒有考慮顧客的感受。

要學會探討購買行為的底層動機，挖掘需求的本質。研究顧客的購買行為時，不要只看銷售數據或消費者的表面行為，而是要了解顧客為什麼購買某項產品，不選擇其他同類的產品。需求背後的購買動機，才是需求的本質。

## (4) 精準定位不同客群

你會發現，想要滿足所有人的產品，都是失敗的。做產品精進時，除了顧客定位要精準，也要分步驟實施，採用小步快跑、迅速反覆的模式，一次只滿足一類人，如果什麼都想要，最後往往什麼也得不到。

我曾幫一家企業擔任產品顧問，他們要開發一款麻辣香腸，在進行產品測試時出現意見分歧，麻辣派說麻辣味很好，清淡派主張不要放花椒。結果，產品開發人員為了同時討好兩方，放了一點點花椒，讓香腸吃起來有花椒的味道，又不會太麻辣。

然而，現實卻讓產品開發人員大失所望。麻辣派覺得不夠麻，吃起來不過癮，於是放棄購買。清淡派不喜歡麻的感覺，哪怕花椒添加量很少，也吃起來不痛快，因此也放棄購買。想要兼顧兩類客群，最後兩種客人都放棄購買，這就是想要滿足所有人的結局。

### ◎(5)滿足顧客的綜合體驗

**魔力產品＝（心靈共鳴＋超痛快功能）×有趣互動**。想讓產品發揮魅力，心理上要讓顧客產生共鳴，例如用服務、產品概念打動人而生理上要使人感到痛快，再加上有趣好玩的互動，才能讓顧客上癮，持續提升顧客黏著度。

## 熱賣攻略 3

▼根據KANO理論，產品應先針對顧客痛點，滿足使用者的基本需求；再進一步針對癢點，提高顧客滿意度；最後才是賦予附加價值，讓顧客感到興奮。這就是產品魅力化設計的過程。

▼設計出能在十五秒內引起共鳴的廣告詞、品牌故事、產品包裝等，就能讓產品更吸睛。

▼上市販售前，要先測試顧客對產品的認知度、認可度、忠誠度、價格接受度，並調查產品壁壘的狀況。上市一段時間後，要追蹤顧客滿意度，為後續的優化升級做準備。

▼進行優化升級時，不要想一次滿足所有人，而是要一次邁出一小步，精準定位不同客群的需求，反覆精進產品。

# 第4課

# 6P策略實現全方位行銷，億萬獲利滾滾來

# 01【Position】市場定位分為3種類型，各自該搭配什麼策略？

打造爆品一般分為兩個階段：第一階段是從0到1的孵化過程，第二階段是用行銷手段快速引爆知名度，實現從1到N的過程。

本章要詳細闡述第二階段的實戰方法，概括為六個方面，簡稱6P策略：定位策略（position）、產品組合策略（product）、定價策略（price）、通路策略（place）、推廣策略（promote）、組織策略（people）。

首先，定位決定產品的生死，但沒有好壞之別，關鍵是找到適合自己的定位，同時搭配有效的市場策略。根據過往經驗，我總結出三種類型。

## 高端定位：高端市場＋高開高打策略

高端市場的消費族群往往注重品牌，品牌溢價為高端產品帶來超額利潤，像是LV包包，以及勞斯萊斯、BMW、賓士等名車。高端消費者的需求不單單是產品功能，更是身份象徵，所以高端品牌一定要做出高級、大氣的質感。

## 中端定位：大眾市場＋中開中打策略

中端定位通常主打大眾市場，消費族群比較廣泛，大多屬於中產階級，具有一定的購買力。他們兼顧品質和品牌知名度，同時看重產品的性價比，舉例來說，福斯和福特的汽車，中產階級買得最多。

## 低端定位：低端市場＋常規市場策略

低端定位是以價格為槓桿撬動市場，採用低價策略和自然銷售模式。消費族群對價格較敏感，產品可以沒有品牌，但一定要便宜。

## 02 【Product】用流量型、利潤型等產品構成組合，強化競爭力

前文提到爆品不是單一產品，而是一系列爆品組合，這就是產品組合策略（如圖4-1所示）。藉由產品組合建立產品線的系統競爭力，做到上有承載品牌的高端產品，提高利潤；下有銷量鋪天蓋地的流量產品，提升市占率；中間有策略產品，作為打擊對手的強力武器。

### 高端產品：負責打響名號，帶來利潤

高端產品可以承載企業品牌。企業的資源有限，投放廣告最忌諱到處撒網，最有效的方式是找出能承載公司品牌的產品集中投放，等到這款產品紅了，公司品牌就有

知名度。屆時，利用公司品牌的背書開發新產品，使新產品有了品牌加持，更容易被顧客接受。

高端產品往往利潤比較高，能支援廣告成本。產品毛利越高，後期市場操作的空間就越大。

## 策略產品：肩負特定行銷使命

一般來說，策略產品是動態的，肩負特定的行銷策略使命，在一段時間後就會被淘汰。我認為，策略產品包括以下幾種類型。

圖4-1 產品組合策略

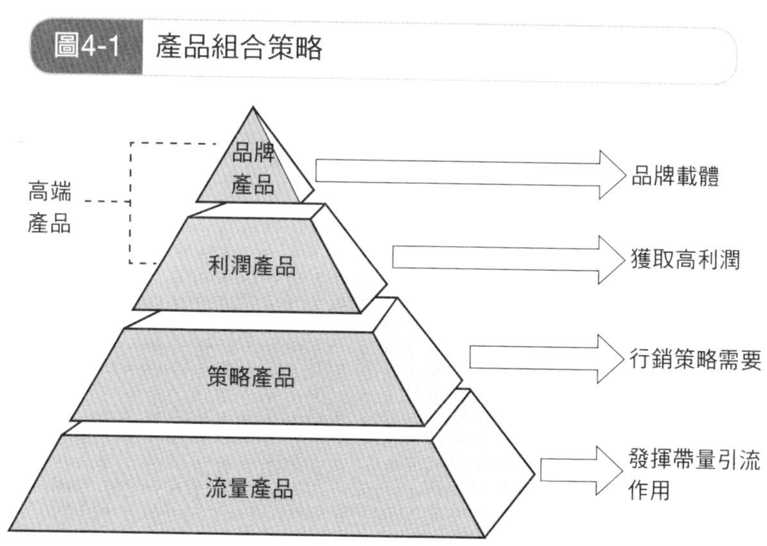

### ◎拓展通路型

這類產品往往是在特定的區域或通路銷售，主要用來拓展新市場和新通路、維護客戶關係等。等到市場成熟，此項產品可能會被淘汰，或是另做調整。

### ◎打擊競品型

這類產品主要用來防止對手進入自己的利基市場，鞏固自己的地盤，維護市場領先地位，有時也用來搶攻對手的市占率。

### ◎短期獲利型

短期獲利產品是公司發現新機會，短期內藉由一款新產品，抓住機會快速變現。操作上有幾個關鍵，包括：產品開發前期投入低、啟動快、邊際成本低、企業內部現有資源能共用和高效協作。唯有滿足這些條件，才適合開發短期獲利產品，否則不要輕易嘗試。

## 流量產品：帶量引流，降低邊際成本

流量產品的顯著特徵是銷量快速成長，而且能對其他產品發揮帶量引流的作用。透過流量產品增加銷售規模，快速提升市占有率，產品的邊際成本就會大大降低，達到以規模換市場，以市場換利潤的效果。

# 03 【Price】陷入價格戰？教你4招提升溢價＋3招精準定價

很多企業提起價格策略，馬上就想到打價格戰。其實，價格不是競爭的屠刀，而是一種商業壁壘。價格壁壘能讓對手賣高了沒銷量、賣低了沒利潤，逼對手主動退出競爭舞臺。我們可以參考食品公司老干媽的做法，從中獲得啟發。

有一次，人力資源部向創辦人陶華碧反映：「分揀辣椒的工人忙不過來，需要增加人手。」她悠悠地回了一句：「知道了，改天我去辣椒工坊看看再說吧。」後來她到工坊，對員工說：「大家覺得分揀辣椒太累了嗎？讓我這個快七十歲的老太太揀揀看，如果我能做得來，就不要加人，如果我做不來，就可以加人。」

結果，她坐在工坊揀了一整天辣椒，才站起來離開。從此以後，再也沒有人敢提加雇人手的事。老干媽講究人均績效最大化，人越多，管理半徑越大，人均效率越低，管理成本也越高。

產品定價要獲得超額利潤，有兩條路可供參考。第一條路是升級加價，也就是升級產品品質，再提高價格，獲取高毛利。第二條路是管理增效，如果行業比較成熟，抬價的空間不大，就只能選擇管理增效，也就是降低成本和管理費用來增加效益，如此一來，即便定價相同，企業也能獲得超額利潤。要強調的是，降低成本絕不是靠著壓低下游供應商的價格，而是靠著提升產品品質或管理效率。

## 從4種「溢價」獲取超額利潤

很多企業都追求超額利潤，那麼超額利潤到底從哪裡來?可以用一個公式說明：

「利潤＝綜合價值－綜合成本」，其中的綜合價值包括以下四種。

## ◎使用價值溢價

使用價值是產品獲得利潤的最基本條件，也就是產品基本功能帶來的應收回報，通常只是行業的平均利潤。如果一個產品不具備基本的使用價值，就很難在市場上生存，更談不上成為爆品。

## ◎差異化溢價

同質化越高的產品越容易打價格戰。顧客做購買決策時，會衡量產品的好壞，並且與競品比較。在保證產品使用價值的基本前提下，如果你與競爭對手相比，有特別不一樣的地方，就可以提高一點價格，帶來差異化溢價。

## ◎品牌溢價

名牌商品總是比無品牌的商品價格更高，哪怕是一模一樣的東西，甚至是同一家工廠製造。品牌不同，售價會差很多，高出的價格就是品牌溢價帶來的超額利潤。

### ◎稀缺性溢價

若產品具備難以模仿和替代的屬性，就具有稀缺性特徵。稀缺性是最有溢價能力的產品屬性，當市場存在某種剛性需求，而且需求遠遠大於供給時，價格就會偏離價值，甚至遠遠高過價值。

舉例來說，一瓶水在超市裡的水賣十元，在高山上可能賣一百元，到了沙漠變成賣一千元。水本身幾乎沒有變化，但是隨著消費場景改變，水變得相對稀缺，價格便上漲。所以，稀缺性是企業獲得超額利潤最有效的方式之一，實際做法是聚焦特定的剛性需求，讓產品變得不可替代和難以模仿。

## 綜合運用3方法，得出最佳定價

實務上，不同的行業和企業都有自己的科學定價方法，從行銷學來看無非以下三種：成本加權法、市場導向法、競爭者導向法。至於其他方法，都是基於這三種形式的延伸。

## ◎成本加權法

這是最基本、最保守的定價方法。將各種成本和費用加總之後，估算出產品的總成本，再加上業界平均利潤，就得出產品銷售價格。

這種方法比較簡單、安全，但也有很多弊端，尤其是新品剛上市的時候，銷售規模比較小，當固定成本、折舊費、管理費等各種費用，都攤在有限的銷售額上面，往往就會高估產品成本。

事實上，隨著銷售規模成長，各種邊際成本會遞減。所以，成本加權法的關鍵是要提前預估銷量，作為成本的估算基礎，而不是用實際的生產規模來估算。

## ◎市場導向法

市場導向法是根據市場能接受的價格來定價。現在各行業的產品都相對過剩，想要讓消費者買單，消費者認為產品值多少錢才最重要。這個方法需要提前調查市場價格狀況，並根據調查結果測試成本和利潤，看看能否用這個價格來銷售。如果不能，要在內部進行優化，如果改進後還是做不到，就只能放棄。

## ◎競爭者導向法

這種方法最容易，就是直接參考同類競品的定價。貼近對手的價格，一般不會偏差太大，關鍵在於參考和自身條件最接近的競爭者。要考慮產品類型、銷售量、管理水準等方面，如果不在同一個等級，參考意義就不大。比如說，當參考對象具有明顯的規模優勢、技術優勢、效率優勢，而自己不具備這些優勢時，參考其定價模式無疑是在自尋死路。

實際定價時，往往會結合以上三種策略，來確保定價更為科學、合理。我的做法是先用市場導向法，推定一個合理的價格區間，然後參考競爭者的價格，來評估這個價格區間是否合理，最後結合估算出的各種產品成本，來確定價格的最低邊界。

# 04 【Place】面對通路趨勢變化，用VOOC模式布下天羅地網

什麼是通路？在萬物線上化的行動網路時代，我將通路定義為「連接」，能夠連接顧客的一切接觸點，都統稱為通路。賣場、便利商店、智能手機、家庭影院、線上社群、朋友圈、親朋好友，都可以是通路。

生意的背後是人，每個人的背後都有一個圈子，圈子的背後就是商業生態。在未來，人就是通路，所以要打破過去的通路觀念，重新定義通路內涵，並跟上通路趨勢的變化。

## 未來通路的5個必然趨勢

與十年前相比，現今的通路在本質上已經有所不同。不變的是，通路仍是消費者購買產品、商家交付價值的場所。改變的是，隨著行動網路發展，人們的生活方式、消費行為改變，進而推動通路的升級和改造，包括以下五點。

### ◎(1)結構扁平化，服務效率提升

通路的長度會影響通路效率，誰離消費者越近，誰的效率就越高，所以通路扁平化是未來的必然趨勢。傳統通路的結構是：製造商→總經銷商→分銷商→零售→消費者，跑完整個環節大約需要十天。互聯網時代的通路結構是B2C模式，由製造商直接接觸使用者，只需要二十四小時左右，服務效率提升十倍。

### ◎(2)BC一體化，有效形成合力

過去的通路模式是B端商業與C端商業分離，B端做B端的事，C端做C端的活，大家分工明確，但是隨著競爭加劇，各自為政的狀態造成協同效率低下。未來，B端與C端必然相互融合，形成合力以應對外部競爭。這種合力是以使用者為中心，

透過C端使用者需求，拉動B端供應鏈升級；同時，B端也透過自己的專業能力賦能給C端。

### ⑶ 形式數位化，靠大數據驅動

隨著網路、自媒體、5G商用普及，商業發展進入萬物互聯的時代，通路數位化將成為主流。回顧通路形式的發展，從實體店到傳統電商，再到現在的直播電商，大數據在這個過程中發揮重要作用。所有的通路行為和消費行為，都會轉化為大數據，再透過演算法賦能給通路。未來，大數據將成為企業最有價值的資產之一，依靠大數據驅動的通路形式是必然趨勢。

### ⑷ 連結立體化，改善集客能力

人群分散化、消費場景多元化、資訊碎片化，造成傳統通路的集客能力越來越弱，黏著度也越來越差。隨著行動網路發展，消費者、商家和產品都能即時線上化，提供整體價值鏈和消費場景立體連接的機會，進一步推動通路立體化。

### ◎(5)價值體驗化，重視使用者體驗

過去，通路是交易場所，發揮價值傳遞的作用，現在變成人性化的體驗場景。從一些店面的微妙變化就能感受到，過去的門市招牌都是某某專賣店，現在越來越多變成某某體驗中心。這種思維轉變背後的邏輯，是對人性的尊重，更是對使用者體驗的重視。

## 未來通路的3種多元功能

根據通路的變化趨勢，我們不僅對通路屬性有新的認知（從交易場所到體驗場景），在功能上也要重新定義。過去的通路功能比較單一，就是進行交易，未來的通路功能將會更多元化。從目前趨勢來看，未來通路將具有以下三種功能。

### ◎體驗功能

很多企業都設有實體的體驗通路，例如：蘋果體驗店、小米體驗店、京東體驗店

等，經營上以使用者體驗為主，並兼顧銷售。體驗通路只是銷售的流量入口，如果使用者擁有極佳體驗，即便沒有在現場購買，之後也會到線上購買。

## ◎勢能功能

有的通路能快速提高銷量，或提升品牌知名度，我稱之為勢能功能（注：「勢能」〔potential energy〕是物理學名詞，又稱作位能，指的是一個物體儲存能量的狀態，這裡引申為通路變現的能力）。比如說，透過線上通路，「雙十一」一天就可能達成全年銷售目標、一個大直播主就可能實現銷售的爆炸性成長，這些通路就是勢能通路，其爆發力非常強，不容忽視。

## ◎利潤功能

有些特殊或小眾通路會被企業忽視，是因為企業沒有發現其潛力所在，但其實這些通路往往能創造高利潤，例如：加油站、高速公路服務區、團購管道、特產店、度假村、KTV、酒吧等。舉例來說，加油站是紅牛的利潤通路，高速公路服務區是五芳齋粽子的利潤通路，還有早期王老吉選擇重慶火鍋店作為利潤通路。

## 「V+O+O+C」立體通路結構

立體通路是根據整體價值鏈設計的通路模式，即V+O+O+C模式，包括線上網路商店、線下實體店、社群商圈，以直播為指揮中心，如一七六頁圖4-2所示。

**「V」是指場景化直播。**

未來，直播可能是流量的主要來源之一。場景化直播不是一般的直播，而是場景更真實、更能建立使用者信任感的直播方式。例如，賣蘋果就直接在蘋果園裡做直播，顧客可以要求摘取某棵樹上的某個蘋果，不但更有臨場感，與消費者的互動效果也更好。

**第一個「O」是指線下實體門市。**

無論電商如何發展，都無法完全取代實體門市。實體門市的穩定性高，可以增強顧客體驗，而且俗話說：「跑得了和尚跑不了廟」，實體門市還能獲得顧客信任。

**第二個「O」是指線上網路商店。**

不管是傳統電商、APP，還是抖音、微信的電商，商家未來一定要有線上網路商店，其最大的好處是能取得使用者資料，蒐集足夠的使用者和交易大數據，就可以為線下通路導流。此外，網路商店的靈活性高，操作相對簡單，能提升市場覆蓋率。

**「C」是指私人杜群。**

私人社群可以理解為私域商圈。每個人背後都有一個圈子，可以在圈子裡做熟人生意，由於有信任背書，圈子內的顧客黏著度會更強。過去的微商（注：在微信朋友圈分享、銷售產品而

圖4-2　立體通路結構

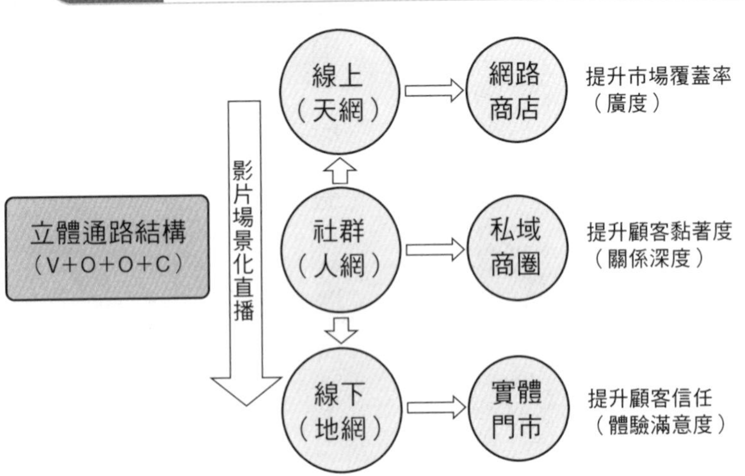

獲利的商業型態）、直銷等，就是建立在熟人的基礎上。要注意的是，熟人生意要做得久，關鍵是產品價值，很多微商只能做一次性買賣，就是因為產品不夠好。

上述的通路結構形成天網（網路商店）、地網（實體門市）、人網（私域商圈），立體連接、全網覆蓋。實際應用上，要在線下實體門市做好一個點，用線上網路商店覆蓋一個面，用社群做成一個圈，最後用直播打通線上、線下及社群。

不同企業的產品、資源及商業模式都不同，在建構立體通路時，不能盲目照搬，要考慮以下影響要素：

- **產品特徵、複雜程度、專業化程度**：產品越複雜，上游的控制力越強。技術含量越高，需要的通路層級越少。例如，高端設備製造商的通路層級較少。
- **企業自身資源與能力的強弱**：組織能力越強，需要的通路層級越少。
- **行業競爭格局**：競爭越激烈的行業，越需要快速引爆市場反應，所以通路層級越少。

# 05【Promotion】5種推廣手法 讓你賺口碑、養粉絲、降成本……

## 策略1：用「事件行銷」搶搭熱門話題

事件行銷是引爆新產品常用的方法，最大的好處是事件本身自帶熱度，尤其是高流量的社會事件。當消費者對新產品不夠了解，借助事件行銷能迅速提升曝光度，達到宣傳目的。但是，即使利用同一個事件，有些人行銷得很好，有些人卻行銷失敗，因為他們不得要領，沒有掌握事件行銷的關鍵。接下來，我結合自身經驗和真實案例，分析事件行銷的關鍵要領。

事件行銷的運作模式包括借事、造勢、做市，也就是找一個討論度高的正面話題事件，建立與自己的相關性，藉此打開市場。具體的操作要點如下。

## ◎借事：選一個有代表性、關聯性的事件

重點有二：第一，選擇的事件必須與自身產品高度相關，不能完全沒有關聯；第二，選擇的事件最好帶有第一或唯一的性質，更容易引起關注。蒙牛剛起家時，第一次大手筆行銷就是贊助神舟五號升空，那是中國第一次將太空人送上太空的壯舉，全人類都在關注這件事，令蒙牛一戰成名。

## ◎造勢：投入廣告資源，提升曝光度

借助話題事件，策畫各種推廣造勢活動。配合各種廣告同時跟進，如業配、電視媒體、戶外廣告等，形成立體傳播，影響力就非常大。

## ◎做市：推出促銷，把聲量轉換為銷量

借事、造勢之後，要在市場面快速回應，讓廣告與促銷連動，提高產品的銷量。事件行銷是一種整合行銷模式，各個環節要相互協同，缺一不可。有些企業沒掌握好脈絡，投入很多線上廣告資源，但沒有配合推出線下活動，導致消費者找不到購買通

路，企業花了錢卻只賺到聲量。借事是集雲，造勢是下雨，做市是接水。如果前面的集雲、下雨做得很好，最後卻沒有盆子接水，就等於白忙一場。

「事件」是事件行銷的成功要件，一般會選擇兩種方向。一種是社會重大事件，如世界盃、奧運會等，影響力較大，人人皆知。另一種是企業內部製造的事件，舉例來說，有一個賣堅果的知名企業，開業當天老闆去驗收專賣店，發現店面竟然是豆腐渣工程，於是氣憤地在現場舉起大錘，把專賣店砸了。

這個老闆的舉動不僅展現公司要求品質的決心，而且對員工發揮警示作用，更傳達一種正義感，以示對消費者負責。之後，媒體還追蹤報導，公司因而樹立起很好的公眾形象。

根據過往的成功經驗，選擇公益事件比較容易成功，比如發生河南洪水事件時，一家瀕臨倒閉的鞋廠捐出五千萬元給河南紅十字會，對外宣稱捐完這筆錢就打算申請破產，結果各大專賣店推出跳樓大拍賣，消費者衝到門市搶購，不但把鞋廠從破產邊緣救回來，甚至訂單排到來不及交貨。對社會有貢獻的企業能累積好口碑，大眾會對這個品牌更忠誠，最後實現雙贏。

## 策略2：用「娛樂行銷」吸引年輕人目光

年輕一代的消費者不只會為了實用而買單，更看重有趣的體驗。年輕人成為消費主力後，娛樂行銷勢必成為未來的主流。

娛樂行銷的核心是讓使用者參與，透過各種娛樂擄獲使用者的心。過去傳統的讓利模式，例如加量不加價，是靠低價促銷引爆產品的方法，用在八年級生身上可能會失效。尤其在互聯網時代，線上付費讓消費者沒有花錢的實際感受，因此娛樂行銷更容易吸引人，包括以下三種方式。

### ◎娛樂節目贊助

近幾年出現很多爆紅的綜藝節目，某音樂選秀節目唱紅加多寶涼茶，還有脫口秀節目帶紅一批新產品。

### 置入式廣告

置入式廣告是娛樂行銷的新手段，例如：三隻松鼠堅果食品的松鼠動畫片、貝因美奶粉的小龍容動畫片、企業微電影等。

### 網紅達人

隨著自媒體行業快速發展，網紅達人不論在抖音或其他短影音平台，都成為產品推廣的新手段。有人帶爆口紅，有人帶紅螺螄粉，還有人藉著直播還清上億元負債。未來，網紅達人是不可忽視的群體，他們的直播不同於傳統電商和實體賣場，傳統的模式是有需求才購買，消費週期比較長，而直播則是即興購買，具有娛樂性，且消費相對集中，可能在短期內引爆銷量。

## 策略3：用私域生態策略獲取精準流量

在流量成本越來越昂貴的時代，精準流量（注：即潛在客戶。越精準的流量，人數越少、轉化率高）越來越重要，再加上各個行業的紅利消失，產業生態發生逆轉，從產業鏈模式走向產業生態模式。在這個基礎上，我提出私域生態爆品策略，也就是從釣魚模式轉為養魚模式，從一次性買賣發展為持續輸出價值。

私域生態爆品策略的基本邏輯，是先建構私域流量池，在私域生態孵化出好產品，再用好產品和好內容餵養粉絲、繁育生態，最終形成良性循環。

私域生態包括四個層面：使用者生態、產品生態、通路生態、供應鏈生態（如圖4-3所示）。在現今的商業競爭中，單一層面的戰力不夠看，未來是打生態戰，需要組織系統，誰

圖4-3 私域生態爆品策略

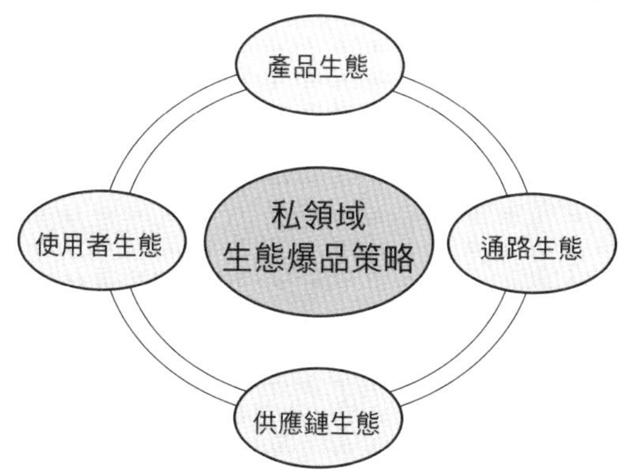

的生態鏈強大，誰就可以吸納、合併其他產業生態。

## 策略4：將公域流量私域化，減少行銷成本

公域流量是泛流量（注：意指不精準的流量，其傳播性廣，吸引的人數多，但轉化率低），私域流量才是自己的粉絲，所以泛流量的價值遠低於私域的精準流量。根據了解，淘寶、京東等傳統電商平台的集客成本約為一千三百元／人左右（總廣告費／付費客戶數），在行銷旺季，有些平台的關鍵字廣告（採用競價排名、點擊計費）達到三百五十元／人。超高的行銷成本讓企業難以承受，因此如何讓公域流量私域化，成為企業越來越關心的問題。

公域流量私域化的模型請見圖4-4。網路上有很多公域流量池，目前流量較大的線上平台有微信、小紅書、知乎、B站等。線下通路包括各種超市、專賣店、商場、娛樂場所等，社群則包括各種協會、商會、民間組織等。這些流量都不屬於企業，企業想要把這些資源引到自己的小池塘裡使用，需要方法和途徑，包括以下五點。

圖4-4 公域流量私域化模型

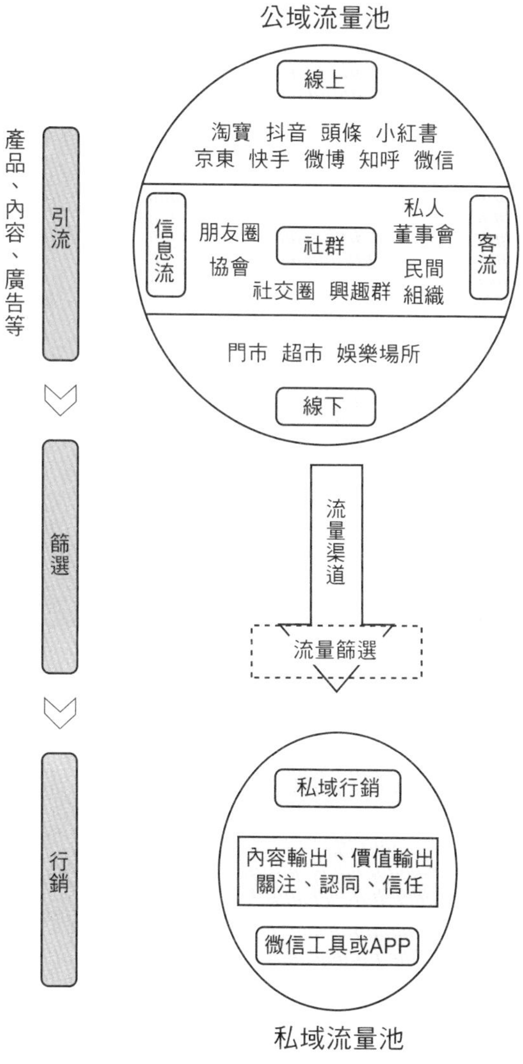

## ◎(1)建立私域流量池

有很多方法可以建立私域流量池，常用的有微信公眾號、影音平台帳號、抖音帳號、APP、小程式等。私域流量池工具沒有好壞之分，端看是否適合自己。

比如說，小企業用微信群、微信好友管理等就能滿足業務需求，但缺點是有潛在風險，例如帳號遭到平台封鎖。企業自建APP的安全性高，後台管理、客戶資料等都有很好的保密性，再加上APP是自己的平台，能有效避免帳號被封鎖的風險，但缺點是是投入成本較大，而且缺乏流量。

## ◎(2)用心經營使用者

公域流量相當於在別人的流量池裡撈魚，很多公域流量都掌握在平台方，企業需要投入大量成本，像是在淘寶要投直通車（注：能提升搜尋結果排名的付費推廣工具），在抖音要投抖加（注：即dou+，可以將影片推薦給更多人，提升播放量與互動量）。不投入這些廣告成本，你獲得的流量極少；投入成本討好平台，會獲得一點流量，但無法保證流量能成功轉化，只能「聽天由命」。相較之下，私域流量以感情為基礎，別人挖不走，所以能做到「我命由我不由天」。

### ◎(3)信任是私域的基礎

交情在前，交易在後，有了交情自然就會有交易。無論在現實或虛擬世界，交情都是以信任為基礎。該如何建立信任呢？當顧客一進門，要先做好接待，而不是急著推銷，接著要做好招待，持續輸出價值，最後才能贏得對方的信賴。

有一次我去手機店，一隻腳剛踏進門，店員馬上問：「你需要買什麼手機？」我馬上轉身離開，因為對方太急著賣我東西，讓我感覺有壓力。

假設進入另一家店，店員先倒一杯水接待你，接著說：「請問有什麼可以幫忙？」隱含的意思一樣是「你需要買什麼手機」，但用詞比較含蓄，「幫」表達的是朋友關係，「買」則是交易關係。然後，店員針對你的需求做介紹，這是招待的部分。當他的介紹說到你的心坎裡，滿足你的需求，你就會對他產生信賴。

### ◎(4)好產品＋好內容

產品是1，行銷內容是後面的0，如果產品品質差、站不住腳，那麼內容傳播力越強，產品就死得越快。所以，要先做好產品，再靠內容引爆。

### ◎(5)專注在小而美

選擇一個高潛力的細分領域，專注於自己擅長、小而美的品類，藉由長期精心耕耘，建立利基市場，累積資源，樹立產品壁壘。

## 策略5：用6個環節完成私域流量變現

不管是公域流量或私域流量，最終目的都是價值轉化。私域流量的轉化是一個循環，我將它概括為私域流量變現模型。這個模型由六個環節構成，分別為客流、引流、養流、轉流、回流、裂變，剛好形成一個交易循環，如圖4-5所示。

## ◎客流：先有流量才有銷量

客流是指流量池。以支付寶為例，他們的推廣途徑是從線下走向線上，在小餐廳、小商店一家一家拜訪，像傳教士一樣說服老闆用支付寶收款。有一次我路過菜市場，看到支付寶的工作人員正在做推廣：只要用支付寶付一角人民幣，就可以獲得一棵大白菜。這完全是賠本的生意，但他們為了獲得客流，只能咬牙堅持，結果花了八年時間，支付寶的註冊使用者終於突破一億人。

二〇一四年，微信的支付功能上線，他們選擇春晚這個流量池。央視春晚節目的收視人數至少有十三億人，讓微信的註

圖4-5　私域流量變現模型

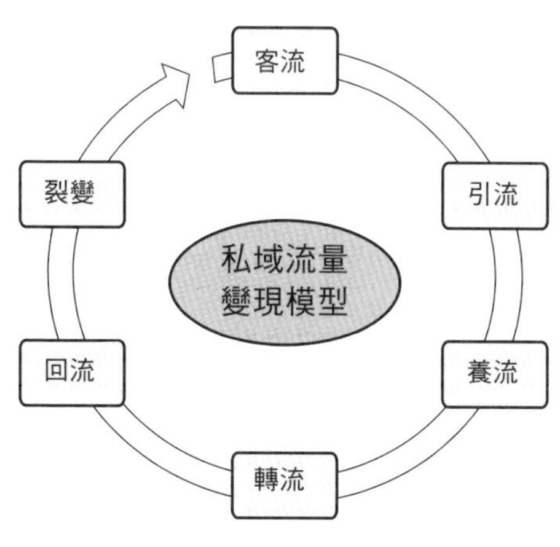

冊使用者在一天之內突破一億人。微信選對流量池，一天的成果等於支付寶八年的努力，可見流量池的重要性。

## ◎引流：掌握4工具、3重點

引流就是把公域流量引導至私域流量池。這個環節需要一個引流工具或連接器，會根據客群和通路而有所不同，大致分為四類：

- 產品類：也就是引流產品，如試用包、免費體驗等。
- 贈品類：如優惠券、小禮品、大禮包、加值服務等。
- 現金類：如消費折抵、會員折扣、紅包等。
- 內容類：知識技能分享、才藝展示、有趣影片等。

引流工具有很多種，但是底層的應用邏輯不變，包括三個重點。第一，找到高密度流量池和流量池的出入口，作為引流據點。比如說，超市收銀台附近的貨架、捷運和火車站的進出口，都是顧客必經之路，因此流量最大。

第二，從顧客不在乎的小錢和小事切入引流。當顧客的嘗試成本低，參與的積極性就會變高，所以低客單價的商品比高客單價商品更容易轉化。第三，從多通路引流，在各種場景連結顧客。遇見一個人，交一個朋友，多一個朋友，多累積一個顧客，未來就可能多得到一次生意。

## ◎養流：從狩獵模式到農牧模式

養流就是不急著賺小錢，寧可慢慢養大客流。在存量競爭時代，打獵獲客的成本越來越高，因此需要用養流模式，把打來的獵物養起來，以產生更多價值。

根據研究，三百個忠誠使用者就足以養活一家小公司，五百個就足以養活一家中型公司。養流的本質是建立信任，有信任基礎才會有變現機會。當你做好顧客服務，建立信任關係，就可以根據不同需求銷售產品，並挖掘顧客的下一個需求，如此循環下去。換句話說，養流就是把高品質客流養起來，透過經營顧客關係持續獲利。

## ◎轉流：5個原則讓流量成功變現

轉流也就是變現或是流量轉化，成功的前提是信任和實惠，而且要注意以下五大原則。

①實惠原則——

所有交易都是建立在利益最大化的基礎上，實惠原則就是讓顧客感受到，現在購買能獲得最大利益，藉此促進實際的購買行動。實惠感必須轉化成看得見的好處，例如：現在買就贈送禮品，或是獲得雙倍積分、價格折讓等，有各式各樣的方式。

②稀缺原則——

越稀缺的東西越令人珍惜。商家往往會製造機會難得的情境，讓人感覺下手晚了就錯失良機，藉此刺激顧客快速行動，達到聚集人氣的目的。比如說，超市經常推出限時促銷，像是每天九點前購物享八折優惠；或是推出限量促銷，像是每天五十份禮品送完為止。

**③權威原則——**

要說服顧客購買，權威是非常有效的方式，因為權威能增加顧客信任，建立信賴感。有些產品賣不出去，不是產品不好，而是沒有獲得顧客信任。為什麼行業領導品牌的產品比較容易銷售？因為他們是行業風向標，帶有權威性。

網路行銷流行KOL（key opinion leader，關鍵意見領袖）、KOC（key opinion consumer，關鍵意見消費者）模式，就是當特定消費族群的權威人物購買產品、發表評論時，粉絲會信任他們，並跟著購買。

**④興趣原則——**

人對於自己感興趣的東西，往往更容易產生購買欲，因此開發產品時，要根據顧客的興趣投其所好，流量轉化也要優先考慮顧客的興奮點。要特別強調的是，相較於產品本身的價值，顧客認為產品有什麼價值，才是最重要的。也就是說，產品一定要符合顧客的興趣取向，因為興趣是購買的入口，若無法引起顧客興趣，流量轉化的第一步就失敗了。

⑤承諾原則——

顧客購買產品時，一方面會考慮產品價值是否符合需求，另一方面會顧慮：「萬一產品價值不符合自己的要求，該怎麼辦？」具體來說，打消顧慮的方式有兩種，一是利用前文提到的權威性，提供顧客隱形的承諾，二是直接給顧客具體的承諾或保證。沒有顧慮後，自然更容易成交。

## ◎回流：3個方法讓顧客再買一次

回流就是讓顧客購買第二次，或是至少回購一次。以下提供幾種方法讓大家參考。

①靠價值感吸引顧客——

顧客購買產品時，買的不是商品本身的價值，而是他認為產品帶來的價值感。

傳統的健身房獲利模式，是讓健身教練向顧客推銷會員課程。每個教練都是銷售員，有銷售任務和業績壓力，導致他們不將主要精力用於教課，而是放在達成業績上。按照這種模式經營健身房，很少有顧客續約。

杭州有一間健身房的做法就很特別。首先，他們選擇一流地段、二流位置。一流地段的人流大，二流位置的租金相對便宜。其次，他們不賣年約會員，只賣月費會員，因為月費便宜，更容易推廣。最後，他們不強迫健身教練做推銷，而是要求把健身課上好，用專業做好服務。

當健身課達到預期效果，顧客感受到價值，就會選擇續約。短短三個月後，這家健身房達到收支平衡，第四個月就開始獲利。而且，老會員的滿意度高，就會推薦新會員，健身房靠著新會員加入和老會員續約，累積很多客戶，不但解決獲利問題，更讓推廣成本大幅降低。

②為下次消費舖路——

許多餐飲店把這招發揮得淋漓盡致，舉例來說，有些餐廳每次結帳時，都會送客人一張兌換券，可以直接換一道菜，而不是折抵金額或打折。當客人再次上門，會發現一道菜不夠吃，此時即便只加點炒青菜，餐廳也可以賺錢。最後結帳時，再送一張兌換券，周而復始。

③讓顧客感動——

讓顧客感動有兩種方式，一是設計令顧客驚豔的感動點，通常是在消費體驗結束之際，此時顧客最容易被感動，最容易留下好印象。

有一次我在豆漿店吃早點，喝完豆漿發現碗底有一行小字：「為你磨盡一生。」我頓時相當驚豔，覺得老闆很用心，雖然豆漿的口感很一般，我還是決定加點一碗。

二是超預期補償。有時候，顧客投訴正是你感動顧客的機會，給他超出預期的補償，他就可能成為忠實顧客，甚至不打不相識的朋友。

有一次我和朋友去海底撈吃飯，朋友點了一份玉米餅。由於那天人很多，我們等了很久，餐廳竟然還上錯菜。朋友立刻有些不悅，服務生馬上表示歉意，並在十五分鐘後重新上一份玉米餅，上面用番茄醬寫著「對不起」三個大字，還表示這份玉米餅免費。這讓朋友為先前的激動情緒過意不去，第二天又拉著我去海底撈用餐，反向補償對方。

## ◎裂變：鼓勵老顧客介紹新顧客

裂變就是快速增加使用者，我常用的方法是讓老顧客介紹新顧客。假如一個老顧客帶來三個新顧客，就能形成三倍效應，關鍵是當老顧客帶來新顧客時，要給老顧客適當的回饋，好讓他們更積極。

我負責農產品專案時，會對顧客說：「你們一個人買是原價，如果三個人以上買，可以享受會員價，優惠很多。」於是，有些老太太會找左鄰右舍一起來買。這就類似團購，最終顧客獲得實惠，商家獲得更多流量，實現雙贏。

## 06 【People】在供應鏈、大數據等面向，打組織戰才能創造爆品

人是爆品成功的重要保障，因為一切成功的條件，最終都要靠產品開發等相關人員做出來。以下是開發爆品的組織策略，目的是解決人的問題。

### 由最高階管理者參與開發

公司的董事長、總經理及行銷總監必須親自參與爆品開發工作，最好是由最高階管理者擔任專案領導人，同時要給產品經理極大的支援和授權。這是因為爆品的成功涉及公司內外許多環節，任何一個環節出現矛盾，都會影響爆品進度，而且有些資源單憑產品經理的權限和影響力，無法調動起來，若由最高階管理者擔任專案領導人，

就能快速調動資源，推進爆品進度。

在開發過程中，總經理必須參與以下重大事項的決策。

### ◎品類選擇

品類選擇是成功的第一步。品類是方向，一旦方向不對，就會影響後面所有工作，因此進行品類選擇時，總經理、行銷總監等必須參與討論。

### ◎顧客痛點

顧客痛點是爆品開發的起點。挖掘痛點往往需要豐富的實戰經驗，尤其是一級痛點，必須有總經理、行銷總監等參與討論，達成最大共識。

### ◎產品賣點

產品賣點決定上市後的推廣效率。能否推廣成功，關鍵在於賣點是否被市場接受。按照廣告學原理，優點太多等於沒有優點，因此產品的賣點不求多，只求精準。

如果產品有很多優點，該選擇哪一個優點當作核心賣點呢？這需要慎重討論。市面上很多產品的品質都不錯，但是賣得不溫不火，核心原因就是找錯賣點。

## ◎競品

競品就是在市場上可以一對一競爭的產品。如同拳擊競技，企業選擇的競品必須是同一個量級才有意義。比自己大的對手，打不動；比自己小的對手，即便打贏也沒有意義，因為它們讓出來的市占率很小。試問，在森林裡踩死一隻螞蟻，能獲得多大的領地呢？

## ◎行銷爆點

行銷爆點決定產品能否快速引爆。以前培育一個新品可能要熬上十年，慢慢加碼投入資源。在互聯網時代，一款新品必須快速爆紅，才能在市場中站得住腳，無法拿時間換取空間。所以，要找對引爆點，在短時間內集中投入資源，快速把水燒開，而不是慢慢加柴。如果連引爆點都沒有找準，即便押上全部資源，也可能會失敗。

## 定期召開產品線檢討大會

我在管理產品時，一般會在半年內，至少是一年內，對產品線進行檢討。我做諮詢時，也建議客戶每年都要做一次檢討工作。透過檢討了解產品的銷售方向，例如：哪些產品需要加碼、哪些需要優化、哪些產品已經走下坡、哪些需要重做升級、哪些需要淘汰，並根據當下的市場需求，思考下一步要開發哪些新產品。

會議之後，要根據檢討內容，整理產品作戰的書面計畫，讓每個人都清楚工作方向，而不是盲目作戰，聽天由命。

## 從供應鏈管理形成高效協同

爆品成功的核心關鍵在於兩個環節：前端市場需求與後端供應鏈管理。也就是說，爆品最大的考驗是企業內部的研發、生產、銷售、採購部門，能否與外部的產業鏈達成協同，以及最終做出的爆品能否快速回應市場需求。

成功的供應鏈管理需要很多部門互相合作，包括研發、生產、採購、物流等。對研發部門來說，要根據市場需求，在成本可控的前提下，透過技術創新做出高性價比的產品。很多企業的研發部門都缺乏追求極致的心態，只求做出產品，而不是做出最佳產品。這有很大的區別，前者只要求產品有模有樣，後者則需要下苦功。

對生產部門來說，要透過生產管理技術或精實生產（注：Lean Manufacturing，投入最少資源，減少浪費以創造最大價值的系統化生產方式），提高生產效益，或是解決研發部門解決不了的難題。如何透過精實生產提升產品品質，或在保證品質的前提下有效降低成本，都是生產部門面對的挑戰。

此外，彈性製造系統（注：flexible manufacturing system，簡稱FMS，是一種彈性、可自動化生產的製造系統，能因應市場製品的快速變化）有助於配合產品交付，能提升供應鏈競爭力，也是對生產部門的新挑戰。

我遇過一個案例，企業的生產成本很高，而且沒有利潤。銷售部在無奈之下，到外面找廠商貼牌生產，發現成本可以下降二〇%，而工廠還有利潤。兩個產品一模一樣，但利潤相差二〇%，兩者在市場上交鋒時，原來的企業根本沒有機會勝出。

許多生產部門管理者的思想很傳統，只會按照研發部門制定的製造流程，去組織生產、交付產品，很少關注這些流程有沒有改進空間。其實，研發人員在實驗室做出的小規模產品，與批量生產的最終產品之間，存在相當大的差異，因此需要研發部門生產部門合作，才能提高供應鏈的協作效率。

採購、財務、人力資源等部門，也需要高效協同。很多人以為，開發爆品是研發、銷售部門的工作，與財務、人力資源部門的關係不大。其實，在從無到有的開發階段，人力資源部要尋找合適人才，採購部和財務部也要相互配合，為爆品專案提供支援。全公司上下一條心，才能形成高效協同，提高爆品的競爭力。

我曾經手一件荒唐的產品專案，當時企業開發一款新品，計畫在春節的旺季上市。臨近春節時，銷售人員發現倉庫還沒有備貨，像熱鍋上的螞蟻一樣急得團團轉，因為產品入庫後，還需要時間鋪貨。

於是，我陪同銷售部負責人詢問生產部負責人：「訂單下來那麼久，為什麼不安排生產？」生產部負責人表示，原材料有兩種，採購部都沒有買回來。我們去問採購部，負責人說財務部沒有付款，供應商不發貨。我們又問財務部，負責人說沒有收到銷售款項，無法支付採購費用。最後，問題又被踢回銷售部。

時間不等人，這件產品原本能在十個通路上市銷售，最後只選擇三個通路。開發流程看似只有耽擱十幾天，但是準備已久的爆品計畫，就這麼成了泡影。

## 啟動內部競爭機制和檢討機制

### ◎內部競爭機制

內部競爭機制可以促使團隊更加賣力，比如說，設計公司往往會做內部比稿，微信的誕生也是內部競爭機制的結果。這是一種鯰魚效應（注：Catfish Effect，透過引入強者，激發弱者變強的效應），藉由團隊競爭，激發團隊主動努力。

## ◎內部檢討機制

內部檢討機制是讓企業內部人員相互挑毛病，提前暴露產品缺陷，再根據收到的回饋改進產品。這種做法有助於避開產品風險，在後期省去很多麻煩。

可以參考小米內部的「毒舌會」機制，就是在產品做出來之後，先召集內部員工體驗產品，再讓員工以消費者的身份，找出產品的各種問題，以利優化改進。小米的毒舌會有幾項規定：

- 對事不對人，挑毛病的對象是產品，不能借機對人發洩情緒。
- 產品負責人要有包容心，虛心接受批評。要知道別人是在幫助自己改進，不是故意找碴。我曾看過品管人員向研發人員提意見，雙方爭論得很激烈，最後在研發人員心中留下陰影。
- 提出批評後，要給予建設性的改進建議。如果意見被採納，要獎勵提出者，藉此鼓勵大家積極參與毒舌會。

## 利用大數據賦能創新和銷售

以前打造爆品都是根據經驗，在產品稀缺年代，即使判斷出錯，影響也不大，只是利潤少一點而已。但是，現在的產品同質化嚴重，行業競爭激烈，而且八年級生成為消費主力，他們對產品的整體品質要求更高。在這樣的商業環境下，產品負責人必須以更專業的水準做產品，追求做到極致。

未來，應用大數據能帶給爆品不可計量的好處。網路發展為產品創新提供工具，透過大數據，無論尋找標竿競品的資料或行業資料，都變得輕而易舉，讓我們能更快速、更精準地做出決策，還能促進產品快速升級。

現在打造爆品的做法，是先在電商平台上銷售，然後追蹤電商的銷售數據和使用者評價，據此評估新品後期的爆發力，並找出產品缺陷，進行第二次優化。快速優化後再做測試，然後根據回饋資料做評估，最後投放到線下實體通路。

有了線上的銷售數據作為判斷依據，實體銷售就會更有信心。與線上相比，實體銷售的風險比較大，因為銷售半徑、時間週期都遠大於線上銷售，一旦產品出問題，比較難即時處理，會給公司造成更大的損失。如今，大數據解決這個問題，帶來無可比擬的優勢。

## 團隊軟實力才是企業核心能力

過去企業經常強調能力，以我的理解來說，能力是指看得見的技能，然而根據冰山模型，看不見的軟實力其實比看得見的能力更加重要。

軟實力不容易被看到，所以不容易學習和模仿。想要成功開發爆品，團隊需要哪些軟實力呢？我歸納出深度洞察力、系統思考力、邏輯表達力、資源整合力、持續學習力這五種，缺一不可。

### ◎深度洞察力

深度洞察力是一個人看問題的深度，這會決定解決問題的速度。洞察力分為三個層次：第一層是看到，即看到現象或表象；第二層是看懂，即明白現象背後的內在邏輯；第三層是看透，即掌握隱藏在邏輯背後的本質，這才是真正的高手。

## ◎系統思考力

做產品的人腦中要有一顆邏輯樹，全面了解事物的點、線、面關係。要把看到的一切事物，當作思考問題的起點或入口，而不是問題的終點，並且從起點開始層層遞進思考，探求問題的本質。

系統思考力是有層級的，有高度、有維度、有深度、有邏輯。有高度是指全局思維，站得高、看得遠。有維度是指橫向思維，能從不同角度分析問題並求證，試圖找出共通點，或得出不同結論。有深度是指不停留在問題表面，凡事往深處探討。有邏輯是指透過分析問題或關鍵因素之間的相關性，釐清內在邏輯關係，找出底層的驅動因素，作為解決問題的著手點。

比方說，使用者的購物行為是一種表面現象，我們要透過推理，挖掘消費者需求，再深入思考這些需求是由哪些因素引起，也就是使用者痛點。然後分析痛點是怎麼來的？痛點產生的情境是什麼？如此層層遞進，最終找到為消費者解決問題的著手點。據此設計產品，就更容易成功。

我將上述思考方式定義為九層思考力模型（見圖4-6），是我在產品創新領域經常運用的思維方式，可以闡明產品管理者如何找到問題的本質。詳述如下：

- **現象層：**就是你眼睛所見事物的最直觀的表現形式，例如：大小、數量、顏色、形態等。現象層最容易觀察，但最不穩定，因此我們做市場調查時，絕對不能停留在現象層面。
- **真相層：**從表層現象探究事實，問自己看到的是不是事實真相。如果不是，需要再深挖；如果是，需要進一步分析。

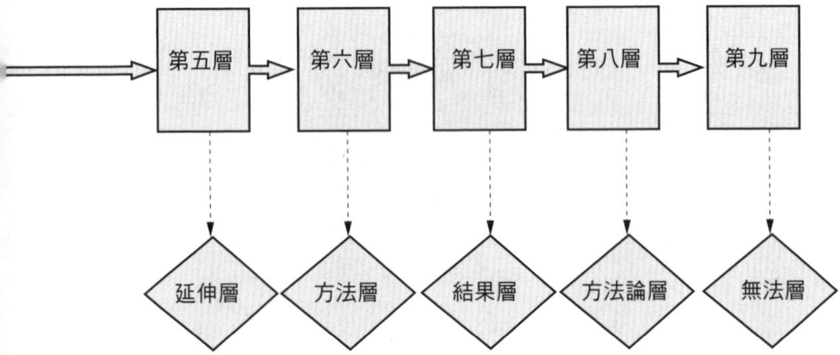

第五層 → 第六層 → 第七層 → 第八層 → 第九層

延伸層　方法層　結果層　方法論層　無法層

- **因果層：**真相是果，到底什麼原因造成這個結果？因果層就是挖掘真相背後的原因。
- **動因層：**找到原因背後的驅動因素，也可以理解為問題背後的問題。
- **延伸層：**探究上述結果對未來可能造成的影響。問題本身不重要，它可能對外界產生的影響，才需要重視。
- **方法層：**基於問題對外界的影響力，我們得出的方法或解決方案。
- **結果層：**預判這個方法實施後，結果可能是好或是壞。
- **方法論層：**方法與方法論的區別在於，方法更具體，但局限性大；方法論更普

圖4-6 九層思考力模型

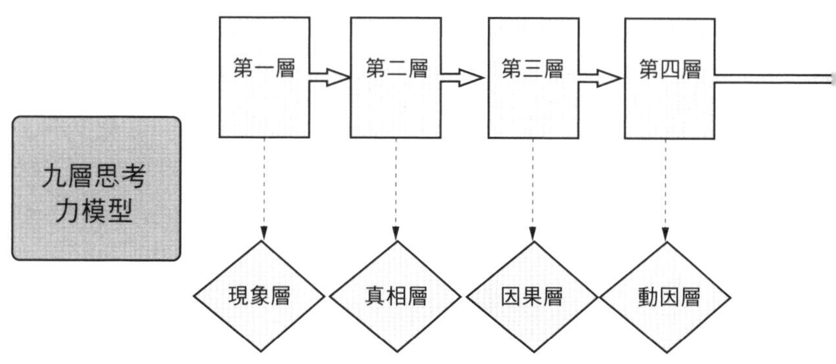

遍，通用性更強。方法論是以方法產生的結果為判斷依據，若結果是好的，就對方法進行歸納，總結出供人學習或借鑑的規律。

- **無法層：**無法層是一個技藝能達到的最高境界。「無法」並不是沒有方法，而是掌握各種方法，而且能融合在一起靈活運用。看似無法，其實方法已滲入骨髓，靈活運用到最高境界。

這個思考力模型並不是每個人都能達到，而產品管理者至少要達到第六層的方法層，也就是掌握一套做產品的方法，並靈活運用。

## ◎邏輯表達力

有些人的邏輯思維很嚴謹，但在關鍵時刻，表達能力卻跟不上。對於產品人來說，邏輯理得清、事情說得明，是非常重要的能力。我接觸過很多產品經理，平時想法很好，產品也做得不錯，但是一到新品發布會就渾身顫抖，拿著稿子讀也讀不流利。產品人需要與企業內的各部門、企業外部的多方廠商溝通協調，如果表達能力有障礙，是不容忽視的弱點。

### ◎資源整合力

包括企業內部資源的協調能力，以及外部資源的整合能力。如今各個領域都出現不同程度的資源過剩，基本上，你想要的資源都可以透過整合獲得，而且很可能成本更低、效率更高。互聯網時代讓資訊更透明，因此產品人的資源整合能力更加不可或缺。

### ◎持續學習力

在變化快速的互聯網時代，學習力是產品人的核心競爭力。唯有不斷充電學習，才能保持與時俱進。我曾看過一個報導：主修網路的大學生讀到大三，就發現大一學的知識已經被淘汰一半。所以，學習力很重要，是持續進步的保證。

## 熱賣攻略 4

- ▼產品的屬性定位會決定市場策略，例如低端定位的產品要採取低價策略，但不一定要經營品牌。
- ▼爆品組合應包括：提高利潤的高端產品、帶量引流的流量產品，以及用來拓展通路、打擊競品或短期獲利的策略產品。
- ▼想找出最佳定價，可以先參考市場價格和競品價格，推定合理的價格區間，再結合估算的各項成本，來確定價格的最低邊界。
- ▼未來的通路應結合線上、實體及私人社群，全面覆蓋三種網絡。
- ▼將不精準的公域流量轉化為精準的私域流量，最有利於流量變現。
- ▼產品人應培養深度洞察、系統化思考、邏輯表達、整合資源及持續學習的能力。

# 附錄一　爆品開發立案表

<table>
<tr><td>申請部門</td><td></td><td>產品名稱</td><td></td></tr>
<tr><td>產品規格</td><td></td><td>包裝形式</td><td></td></tr>
<tr><td rowspan="5">市場調查<br>分析結論</td><td colspan="3">行業調查分析結論：</td></tr>
<tr><td colspan="3">消費者需求調查結論：</td></tr>
<tr><td colspan="3">競品調查結論：</td></tr>
<tr><td colspan="3">企業自身分析結論：</td></tr>
<tr><td colspan="3">市場調查綜合結論：</td></tr>
<tr><td>市場定位</td><td colspan="3"></td></tr>
<tr><td>品類定位</td><td colspan="3"></td></tr>
<tr><td>產品定位</td><td colspan="3"></td></tr>
<tr><td>通路定位</td><td colspan="3"></td></tr>
<tr><td rowspan="2">價格定位</td><td colspan="3">定價體系：</td></tr>
<tr><td colspan="3">產品利潤率和通路利潤率測算：</td></tr>
<tr><td>產品價值與<br>賣點定位</td><td colspan="3"></td></tr>
<tr><td>產品創新點</td><td colspan="3"></td></tr>
<tr><td>產品屬性標準</td><td colspan="3">包括產品形態、規格、材料、國家標準等</td></tr>
<tr><td>預計上市時間</td><td colspan="3"></td></tr>
<tr><td>新品銷售預估</td><td colspan="3"></td></tr>
<tr><td>審核／審批意見</td><td colspan="3"></td></tr>
</table>

## 二、產品開發目的

實施目的：

## 三、里程碑事項進度控制表

關鍵事項進度表：

## 四、市場環境分析（SWOT 分析）

| | | |
|---|---|---|
| 1 | 行業分析 | |
| 2 | 競品分析 | |
| 3 | 自身分析 | |
| 4 | 消費者分析 | |
| 5 | 分析結論 | |

## 五、產品策略制定

| | | |
|---|---|---|
| 1 | 新品開發策略 | |
| 2 | 新品創意思路 | |
| 3 | 品類定位 | |
| 4 | 市場定位 | |
| 5 | 品牌定位 | |
| 6 | 產品定位 | |
| 7 | 利益點定位 | |
| 8 | 賣點創新 | |
| 9 | 定價策略 | |
| 10 | 通路策略 | |
| 11 | 推廣策略 | |

# 附錄二　爆品開發管理專案報告

| 一、專案名稱與專案組織 | | | | |
|---|---|---|---|---|
| 1 | 專案名稱 | | | |
| 2 | 製作者 | | 製作日期 | |
| 3 | 專案經理 | | | |
| 4 | 專案<br>主要成員 | 專案企畫組 | 組長： | 組員： |
| | | 市場調查組 | 組長： | 組員： |
| | | 包裝設計組 | 組長： | 組員： |
| | | 技術研發組 | 組長： | |
| | | 生產組 | 組長： | |
| | | 物流運管組 | 組長： | |
| | | 品質控制組 | 組長： | |
| | | 成本核算組 | 組長： | 組員： |
| | | 採購組 | 組長： | |
| | | 新品銷售組 | 組長： | 組員： |
| 5 | 成員<br>工作職責 | 專案經理 | | |
| | | 企畫組長 | | |
| | | 調查組長 | | |
| | | 設計組長 | | |
| | | 研發組長 | | |
| | | 生產組長 | | |
| | | 物流組長 | | |
| | | 品控組長 | | |
| | | 成本組長 | | |
| | | 採購組長 | | |
| | | 銷售組長 | | |
| 6 | 追蹤考核者 | | | |
| 7 | 實施地點 | | | |
| 8 | 實施單位 | | | |
| 9 | 簽發者 | | | |

## 九、新品開發上市關鍵里程碑

| 序號 | 階段名稱 | 關鍵工作事項 | 執行標準與交付成果 | 完成日期 | 責任者 | 批准者 |
|---|---|---|---|---|---|---|
| 1 | 準備階段 | 市場調查分析 | | | | |
| | | 產品策略制定 | | | | |
| | | 產品基本資訊和技術參數提供 | | | | |
| | | 設備採購 | | | | |
| | | 產品樣本試製 | | | | |
| | | 上市前綜合評審 | | | | |
| | | 產品上市策略制定 | | | | |
| 2 | 產品優化 | 銷售跟進與優化 | | | | |

## 十、專案開發主要風險預估與保障措施

## 十一、專案合約與資金的審批權限及流程

| | | |
|---|---|---|
| 1 | 專案合約／費用審批權限與流程 | |
| 2 | 專案考核、審批權限與流程 | |

## 十二、立案報告會簽單

| | |
|---|---|
| 專案經理申請 | |
| 專案組成員會簽 | 總裁辦：<br>行銷部：<br>研發部：<br>生產部：<br>採購部：<br>其他協同部門： |
| 主管審批／簽發 | |

(續上表)

| 六、產品基本屬性標準 | | |
|---|---|---|
| 1 | 產品名稱 | |
| 2 | 產品形態標準 | |
| 3 | 產品規格 | |
| 4 | 內外包裝形式 | |
| 5 | 儲藏與運輸條件 | |
| 七、產品基本技術標準 | | |
| 1 | 產品標準依據 | |
| 2 | 產品行業標準 | |
| 3 | 設備/設施籌備 | |
| 4 | 原物料需求 | |
| 5 | 技術與工藝流程 | |
| 八、新品開發費用預算 | | |
| 1 | 市場調查費 | |
| 2 | 新設備採購費 | |
| 3 | 檢測費 | |
| 4 | 人員獎勵費 | |
| 5 | 其他費用 | |
| 6 | 預算費用合計 | |
| 7 | 投入產出比 | |
| 8 | 預算說明 | |

# 附錄三　爆品上市策略表

| | |
|---|---|
| 新品上市背景 | |
| 產品基本描述 | |
| 產品策略 | 產品開發策略與產品理念：<br>產品（屬性）定位：<br>產品核心價值定位：<br>產品概念與USP賣點：<br>產品組合策略： |
| 市場策略 | 消費群定位：<br>需求定位：<br>消費模式定位：<br>消費場景定位： |
| 價格策略 | 定價策略：<br>價格體系： |
| 區域市場 | 試賣市場：<br>策略市場：<br>利基市場： |
| 通路策略 | 核心通路：<br>勢能通路：<br>利潤通路：<br>策略性通路： |
| 推廣策略 | 通路推廣：<br>使用者主題推廣： |
| 傳播策略 | 傳播主題：<br>傳播管道（線上和實體）：<br>傳播典範： |
| 行銷目標 | 通路費用：<br>消費者活動費用：<br>廣告費用： |
| 費用預算與費用歸屬 | |
| 產品上市日曆 | |

idea

/ / /

國家圖書館出版品預行編目（CIP）資料

爆賣商品的行銷戰法：互聯網的銷售攻略懶人包，教你如何造勢、提高市占率，從0到10億創造獲利！／尹杰著
--初版. --新北市：大樂文化有限公司，2023.06
224面；14.8×21公分 . --（Smart；118）

ISBN 978-626-7148-60-0（平裝）
1.銷售 2.行銷策略
496.5 112006957

Smart 118

# 爆賣商品的行銷戰法

互聯網的銷售攻略懶人包，教你如何造勢、提高市占率，從0到10億創造獲利！

作　　者／尹　杰
封面設計／蕭壽佳
內頁排版／蔡育涵
責任編輯／林雅庭
主　　編／皮海屏
發行專員／張紜蓁
發行主任／鄭羽希
財務經理／陳碧蘭
發行經理／高世權
總編輯、總經理／蔡連壽

出 版 者／大樂文化有限公司（優渥誌）
地址：新北市板橋區文化路一段 268 號 18 樓之1
電話：（02）2258-3656
傳真：（02）2258-3660
詢問購書相關資訊請洽：（02）2258-3656
郵政劃撥帳號／50211045　戶名／大樂文化有限公司

香港發行／豐達出版發行有限公司
地址：香港柴灣永泰道 70 號柴灣工業城 2 期 1805 室
電話：852-2172 6513　傳真：852-2172 4355

法律顧問／第一國際法律事務所余淑杏律師
印　　刷／韋懋實業有限公司

出版日期／2023 年06月29日
定　　價／280 元（缺頁或損毀的書，請寄回更換）
I S B N／978-626-7148-60-0